JESUS HAZAEL GARCIA GALLEGOS
MAYOLA GISELLE GALVAN MONDRAGON
CARLOS MANUEL DORANTES AYALA

Sistema Integral de Purificación de Agua en Comunidades Rurales

JESUS HAZAEL GARCIA GALLEGOS
MAYOLA GISELLE GALVAN MONDRAGON
CARLOS MANUEL DORANTES AYALA

Sistema Integral de Purificación de Agua en Comunidades Rurales

Desarrollo de un prototipo solar capaz de generar agua limpia sin microorganismos dañinos y a bajos costos

Editorial Académica Española

Imprint

Any brand names and product names mentioned in this book are subject to trademark, brand or patent protection and are trademarks or registered trademarks of their respective holders. The use of brand names, product names, common names, trade names, product descriptions etc. even without a particular marking in this work is in no way to be construed to mean that such names may be regarded as unrestricted in respect of trademark and brand protection legislation and could thus be used by anyone.

Cover image: www.ingimage.com

Publisher:
Editorial Académica Española
is a trademark of
Dodo Books Indian Ocean Ltd. and OmniScriptum S.R.L publishing group

120 High Road, East Finchley, London, N2 9ED, United Kingdom
Str. Armeneasca 28/1, office 1, Chisinau MD-2012, Republic of Moldova, Europe
Managing Directors: Ieva Konstantinova, Victoria Ursu
info@omniscriptum.com

Printed at: see last page
ISBN: 978-620-0-02196-0

Autores :

Jesús Hazael García Gallegos

Mayola Giselle Galván Mondragón

Carlos Manuel Dorantes Ayala

Juan Gabriel Rodríguez Ortiz

José Gaspar Barrón Osornio

Jorge Alberto Callejas Ruiz

ÍNDICE

TABLA DE ILUSTRACIONES

INTRODUCCIÓN

En respuesta a la urgente necesidad de acceso a agua potable en comunidades marginadas, se diseñó y elaboró un prototipo de desinfección solar para el tratamiento de aguas estancadas y pluviales. Este proyecto se enfocó en ofrecer una solución económica y sostenible que pudiera ser implementada en zonas rurales y periurbanas, donde los recursos son limitados y el acceso a tecnologías avanzadas es restringido. El prototipo se desarrolló con el objetivo de utilizar la energía solar, una fuente de energía abundante y gratuita, para desinfectar agua de manera efectiva, proporcionando una alternativa viable y accesible a los métodos tradicionales de potabilización.

Para garantizar la eficacia del prototipo, se realizaron exhaustivas pruebas de verificación, incluyendo la Demanda Química de Oxígeno (DQO), la medición de sólidos suspendidos, el pH y la conductividad eléctrica del agua tratada. Estas pruebas fueron fundamentales para evaluar la capacidad del sistema en la eliminación de contaminantes y en la mejora de la calidad del agua. Los resultados obtenidos demostraron una reducción significativa de la carga contaminante, confirmando que el prototipo cumplió con los estándares de calidad necesarios para el consumo humano.

Además, se evaluó la ergonomía del prototipo, asegurando que su diseño fuera accesible y fácil de operar por las comunidades objetivo. El diseño final no solo resultó ser eficiente en términos de rendimiento, sino que también fue considerado práctico y adaptable a las condiciones locales, permitiendo su implementación con un bajo costo de producción y mantenimiento. Estos resultados destacan la viabilidad del prototipo como una solución efectiva para mejorar el acceso a agua potable en zonas vulnerables, contribuyendo así a mejorar la calidad de vida de sus habitantes.

CAPÍTULO I. GENERALIDADES DEL PROYECTO

1.1 Título del proyecto

Sistema Integral de Purificación de Agua en Comunidades Rurales.

1.2 Problemática

El acceso a agua limpia es un problema crítico que afecta a numerosas comunidades en todo el mundo, especialmente en áreas rurales y regiones empobrecidas. Las consecuencias de la falta de acceso a agua potable son diversas y profundas, afectando la salud, la economía, educación y el medio ambiente de las comunidades afectadas.

Enfermedades transmitidas por el agua: La falta de agua limpia está directamente relacionada con la propagación de enfermedades como el cólera, la disentería, la fiebre tifoidea y la diarrea. Según la Organización Mundial de la Salud (OMS), enfermedades diarreicas provocadas por agua contaminada matan a alrededor de 485,000 personas cada año, muchas de ellas niños menores de cinco años. De los cuales afecta la desnutrición la diarrea crónica y otras enfermedades relacionadas con el agua contaminada pueden llevar a la desnutrición, especialmente en niños, debido a la pérdida continua de nutrientes esenciales y la incapacidad del cuerpo para absorber alimentos adecuadamente. Mientras que el impacto económico no cuenta con los suficientes recursos para generar una vialidad de agua potable para su consumo, pérdida de productividad la falta de acceso a agua limpia obliga a las personas, especialmente a las mujeres y los niños, a pasar varias horas al día recolectando agua de fuentes distantes. Este tiempo podría ser utilizado en actividades productivas, como el trabajo remunerado, la educación o el cuidado de la familia. Dado los factores de consumir un agua confiable se generan gastos médicos los cuales son enfermedades causadas por agua contaminada generan gastos médicos significativos para las familias, muchas de las cuales ya viven en condiciones de pobreza. Estos costos pueden agravar aún más su situación económica.

1.3 Objetivo del proyecto

Diseñar un prototipo que cumpla las necesidades de desinfección solar de aguas estancadas y/o pluviales, enfocado a comunidades rurales de poco acceso a aguas.

1.4 Justificación

El desarrollo de un prototipo capaz de generar agua limpia sin microorganismos dañinos y a bajos costos es crucial para abordar la crisis de acceso a agua potable que afecta a millones de personas en todo el mundo. Este proyecto no solo tiene el potencial de mejorar la salud y la calidad de vida de las comunidades vulnerables, sino que también puede contribuir al desarrollo económico y educativo de estas regiones. De los cuales tendríamos una reducción de enfermedades de las cuales son transmitidas por el agua, como el cólera, la disentería y la diarrea, son causas principales de morbilidad y mortalidad en comunidades sin acceso a agua potable. Un prototipo eficaz podría reducir drásticamente la incidencia de estas enfermedades, mejorando la salud pública y nutrición la cual reduce la prevalencia de enfermedades gastrointestinales, el prototipo contribuiría a una mejor absorción de nutrientes y, por ende, a la reducción de la desnutrición, especialmente en niños. Otra ventaja de este prototipo es el impacto económico al momento de adquirirlo es de bajo costo y un ahorro de costos médicos el cual liberaría recursos económicos que podrían ser destinados a otras necesidades básicas o inversiones productivas. Mientras que el impacto ambiental el cual genera sostenibilidad diseñado para ser eficiente y de bajo costo podría utilizar tecnologías sostenibles, como la energía solar o sistemas de recolección de agua de lluvia, reduciendo la dependencia de fuentes de agua sobreexplotadas el cual reduciría la contaminación lo cual al proveer agua limpia y segura reduce la necesidad de recurrir a fuentes contaminadas y la presión sobre el ecosistema local, ayudando a conservar el medio ambiente. Al diseñar un prototipo de bajo costo es esencial para su adopción en comunidades de bajos ingresos, esto asegurará que el sistema sea asequible y pueda ser implementado a gran escala y tiene una forma de usar nada compleja para su mejor entendimiento y uso sin necesidad de habilidades avanzadas.

1.5 Alcance

El alcance de este proyecto es generar un prototipo en el cual se seleccionará las comunidades que se beneficiarían de este, basándose en la falta de acceso a agua potable y la dependencia de fuentes de agua estancadas y pluviales; también con la realización de estudios de calidad del agua las cuales analizaría las características del agua en estas áreas, incluyendo contaminantes comunes y niveles de microorganismos patógenos. Construcción de un primer prototipo funcional utilizando los materiales y componentes seleccionados, pruebas iniciales de evaluación del prototipo en un entorno controlado para verificar su efectividad en la eliminación de microorganismos y contaminantes optimizar el refinamiento del diseño basado en los resultados de las pruebas iniciales, optimizando el rendimiento y reduciendo costos donde sea posible en el cual al desarrollo de un diseño conceptual del prototipo, considerando factores como capacidad, facilidad de uso, durabilidad, rentabilidad y mantenibilidad se utilizaran materiales y componentes de selección de materiales y componentes accesibles y de bajo costo que puedan ser obtenidos localmente o fácilmente distribuidos.

CAPÍTULO II. MARCO TEÓRICO

2.1 Prototipo

Los prototipos funcionan como representaciones tangibles de ideas de diseño, lo que permite a los diseñadores convertir sus ideas en realidad y probarlas en la práctica durante la fase de investigación y diseño. Al crear prototipos, los diseñadores pueden probar la funcionalidad, usabilidad y experiencia general del usuario de un diseño antes de invertir importantes recursos en un desarrollo a gran escala. Este proceso iterativo de prueba y perfeccionamiento de prototipos permite a los diseñadores identificar y eliminar cualquier defecto o área que requiera mejora, lo que da como resultado un diseño final más refinado y exitoso.

Mientras tanto los prototipos también desempeñan un papel muy importante en la mejora de la experiencia del usuario al proporcionar una representación realista del diseño de la aplicación o del sitio web. Los diseñadores pueden probar el flujo de interacción, la navegación y los elementos visuales para garantizar una experiencia de usuario fluida e intuitiva. Al personalizar la experiencia del usuario mediante la creación de prototipos, los diseñadores pueden crear interfaces atractivas, fáciles de usar y que cumplan con las expectativas del usuario (Ingeniería, 2024).

2.2 Radiación solar

La radiación solar es la energía emitida por el Sol a través de ondas electromagnéticas, de la que depende la vida en la Tierra. Además de determinar la dinámica y las tendencias atmosféricas y climáticas, también permite la fotosíntesis de las plantas. Si quieres saber más, cómo qué tipos de radiación existen y qué tan dañinas son para tu salud, especialmente para tu piel en verano, sigue leyendo.

La energía emitida por el sol en forma de radiación electromagnética que llega a la atmósfera. Se mide en superficie horizontal, mediante el sensor de radiación o pirómetro, que se sitúa orientado al sur y en un lugar libre de sombras. La unidad de medida es vatios por metro cuadrado (W/m^2).

La radiación solar medida en cada una de las estaciones meteorológicas es ofrecida en unidades de potencia y está en vatios por metro cuadrado (W/m²). En el caso de los datos recogidos cada 10 minutos se trata de la potencia media en 10 minutos y en el caso de la radiación diaria representa la potencia media del día.

Si se quiere convertir la radiación solar global en unidades de potencia a unidades de energía, en caso de utilizarse los datos de 10 minutos debe multiplicarse cada uno de los valores de potencia en W/m² por 600 s (segundos en 10 minutos) y el resultado estará en julios por metro cuadrado (J/m²). En caso de utilizarse el valor de la radiación solar global media diaria, debe multiplicarse el valor de potencia en W/m² por 86.400 s (segundos de un día) y el resultado estará en Julios por metro cuadrado (J/m²).

La luz es la radiación que resulta visible al ojo humano. Su longitud de onda está comprendida entre 400 y 730 nm. La radiación cuya longitud de onda es inferior a 400 nm se denomina radiación ultravioleta, y la de longitud de onda superior a 730 nm, infrarroja (Navarra, 2022).

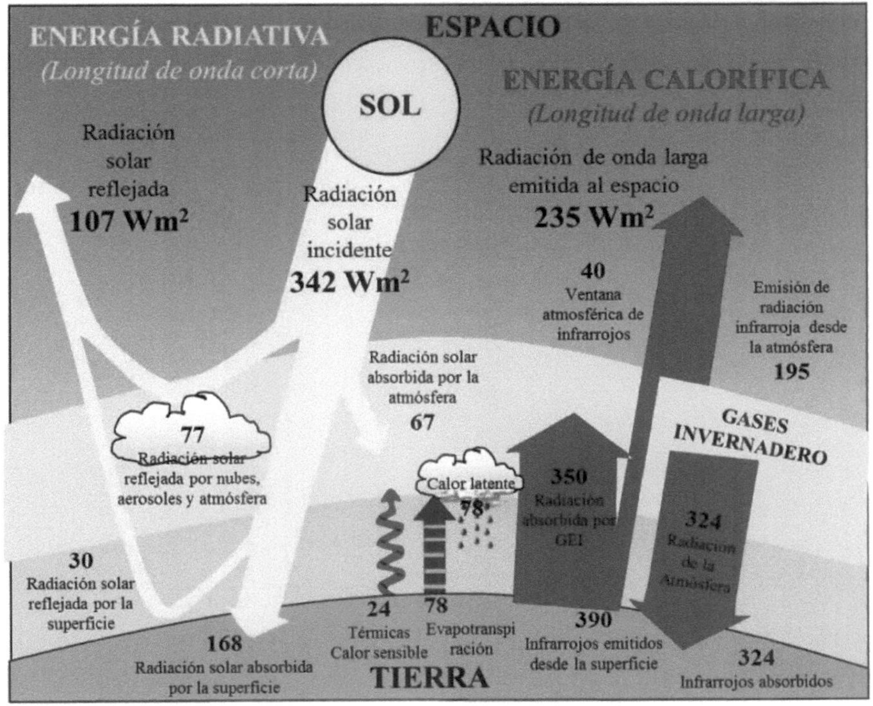

Figura 1. Tipos de energía en la que se transforma la radiación solar. (Ferrer, s.f.)

2.3 Transferencia de calor por radiación

En la radiación, la energía se transmite en forma de ondas electromagnéticas que viajan a la velocidad de la luz. La radiación electromagnética considerada aquí es la radiación térmica. La cantidad de energía que sale de la superficie en forma de calor radiante depende de la temperatura absoluta y de la naturaleza de la superficie. Un emisor ideal o cuerpo negro emite desde su superficie una cierta cantidad de energía radiante por unidad de tiempo qr, determinada por la ecuación. La radiación es la transferencia de calor sin contacto entre objetos. Se produce mediante la emisión de energía a través de ondas electromagnéticas (Vega, 2004).

La radiación es la transferencia de calor que se realiza a través de ondas electromagnéticas. Se podría catalogar como transporte molecular, ya que la energía es producida por el cambio en las configuraciones electrónicas de los átomos o moléculas constitutivas y transportada por las ondas electromagnéticas o fotones. No existe contacto directo entre los dos medios y el intermedio o interfase no participa en las funciones de intercambio – en la mayoría de ocasiones es el aire, aunque también hay transferencia de calor a través del vacío (UNAM, 2003).

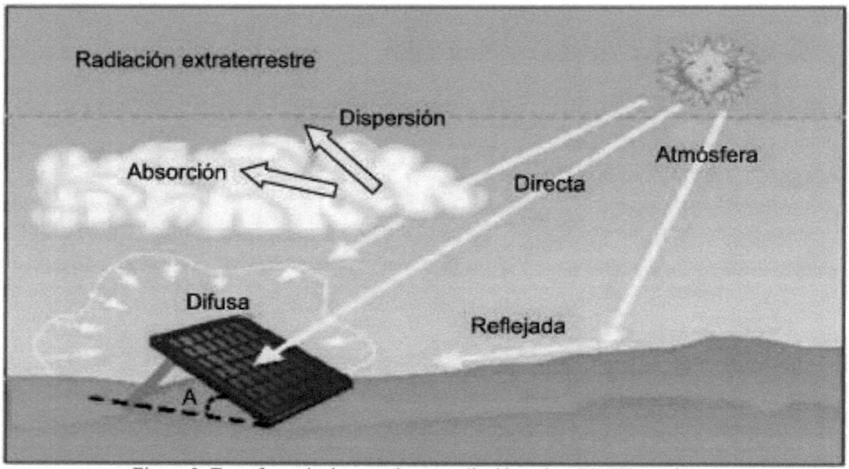

Figura 2. Transferencia de energía por radiación solar. (UNEFA, s.f.)

2.4 Transferencia de calor por convección

La convección térmica implica la transferencia de calor a través del movimiento de un fluido, ya sea líquido o gas. Se puede clasificar en dos tipos: convección natural y convección forzada. La transferencia de calor por convección es el proceso mediante el cual el calor se transfiere de una región a otra a través de un fluido en movimiento

Convección Natural

La convección natural se produce cuando el movimiento del fluido es causado por diferencias de densidad resultantes de variaciones de temperatura en el fluido. Por ejemplo, cuando el aire cerca de una superficie caliente se calienta, se expande y se vuelve menos denso, lo que provoca que suba y sea reemplazado por aire más frío y denso. Este ciclo continuo genera corrientes de convección.

Figura 3. Proceso de convección natural. (Hsaini, Y., 2020.)

Convección Forzada

En la convección forzada, el movimiento del fluido es inducido por una fuente externa, como un ventilador, una bomba, o cualquier otro dispositivo mecánico. Este tipo de convección es común en sistemas de calefacción y refrigeración, donde se utiliza un ventilador para mover el aire caliente o frío a través de un sistema. De igual manera utilizamos la Ley de Enfriamiento de Newton el coeficiente de transferencia de calor por convección forzada es

El coeficiente de transferencia de calor por convección forzada (h h) depende de varios factores, incluyendo la velocidad del fluido, las propiedades del fluido (densidad, viscosidad, conductividad térmica, y capacidad calorífica), y la geometría del sistema. Se suele calcular utilizando números adimensionales como el número de Nusselt (Nu), el número de Reynolds ($R\,e$), y el número de Prandtl (Pr) (Pérez, 1984).

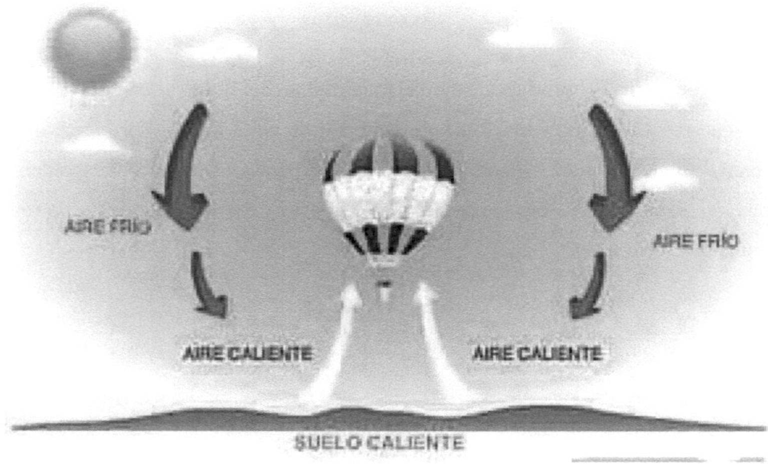

Figura 4. Transferencia de energía por convección. (Facilitador, P., s.f.)

2.5 Transferencia de calor por conducción

La transferencia de calor por conducción es un proceso en el que el calor se transfiere a través de un material sólido o líquido en reposo bajo la influencia de un gradiente de temperatura. La conducción es el mecanismo fundamental de la transferencia de calor y puede describirse matemáticamente mediante la ley de Fourier (Energía y Combustión, 2009).

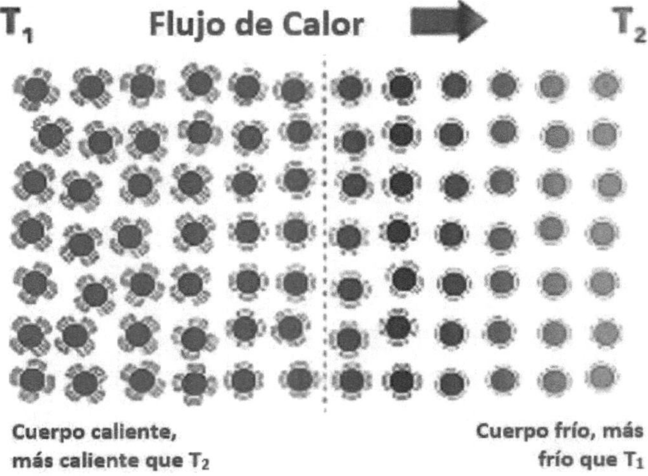

Figura 5. Transferencia de calor por convección. (Shutterstock, 2024)

2.6 Ley de Fourier

Esta ley establece que el calor fluye entre dos objetos proporcional a la diferencia temperatura entre ellos y solo puede fluir en una dirección: El calor sólo puede transferirse de un objeto más caliente a otro objeto más frío. En Teoría del análisis térmico, Fourier, J. (1822, p. 2) afirma: "Existe Muchos fenómenos no son causados por la fuerza mecánicamente, pero sólo surge como resultado presencia y acumulación de calor.

El flujo de calor solo es posible entre aquellas regiones que están a diferentes temperaturas, y su dirección siempre es del cuerpo de mayor temperatura al de menor. El factor o constante de proporcionalidad se denomina conductividad térmica del material. Existen varios tipos de materiales, desde los buenos conductores como el oro, plata o el cobre, hasta malos conductores llamados aislantes como el vidrio o el amianto. El factor que determina que tan buen conductor es un material es la conductividad térmica, que se define como una propiedad física que mide la capacidad de conducción de calor o capacidad de transferir el movimiento cinético de sus moléculas a las moléculas de los cuerpos adyacentes, con las que se encuentra en contacto. La inversa de la conductividad térmica es la resistencia térmica, que es la capacidad de un cuerpo para oponerse al flujo de calor (2018, Jiménez).

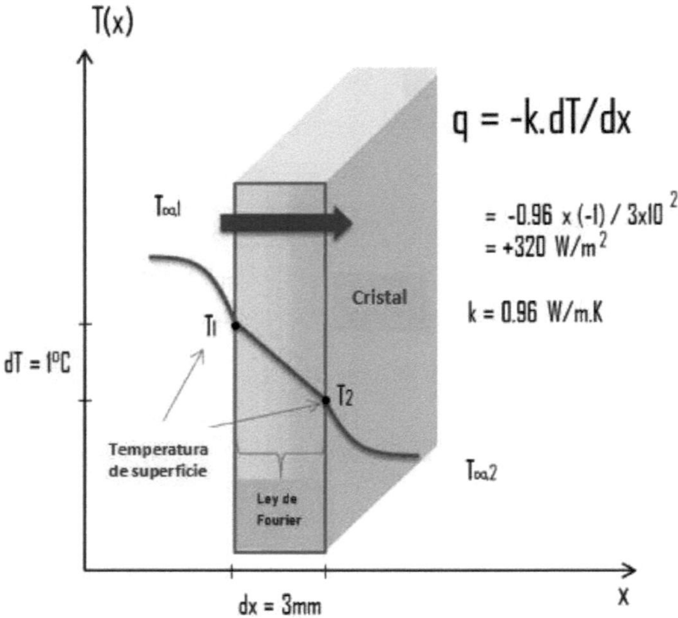

Figura 6. Diagrama de transferencia de calor, según la Ley de Fourier. (Therma Engineering, s.f.)

2.7 Temperatura

La temperatura es una cantidad escalar definida como la cantidad de energía cinética de partículas de masa gaseosa, líquida o sólida. Cuanto mayor es la velocidad de las partículas, mayor es la temperatura y viceversa. La medición de la temperatura incluye los conceptos de frío (temperatura más baja) y calor (temperatura más alta), que se pueden sentir de forma instintiva. Además, la temperatura también sirve como valor de referencia para determinar la temperatura normal del cuerpo humano, y es información utilizada para evaluar la salud. El calor también se utiliza en procesos químicos, industriales y metalúrgicos (Leskow, 2024).

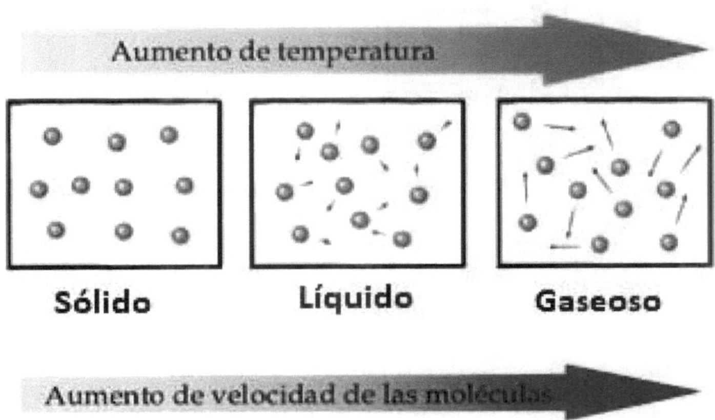

Figura 7. Diagrama que muestra el movimiento de las moléculas de acuerdo al aumento de calor suministrado a un sistema. (Wited, s.f.)

2.8 Escala de la temperatura

Las tres escalas de temperatura más comunes son: Celsius, Fahrenheit y Kelvin. Una escala de temperatura puede ser creada identificando dos temperaturas fácilmente reproducibles. Las temperaturas de ebullición (cambio de estado líquido a vapor) y de fusión (cambio del estado sólido al líquido) del agua, a una atmósfera de presión.

La escala Celsius. También conocida como "escala centígrada", es la más utilizada junto con la escala Fahrenheit. En esta escala, el punto de congelación del agua equivale a 0 °C (cero grados centígrados) y su punto de ebullición a 100 °C. La escala Fahrenheit. Es la medida utilizada en la mayoría de los países de habla inglesa. En esta escala, el punto de congelación del agua ocurre a los 32 °F (treinta y dos grados Fahrenheit) y su punto de ebullición a los 212 °F. La escala Kelvin. Es la medida que suele utilizarse en ciencia y establece el "cero absoluto" como punto cero, lo que supone que el objeto no desprende calor alguno y equivale a -273,15 °C (grados centígrados). La escala Rankine. Es la medida usada comúnmente en Estados Unidos para la medición de temperatura termodinámica y se define al medir los grados Fahrenheit sobre el cero absoluto, por lo que carece de valores negativos o bajo cero (Juan, 2018).

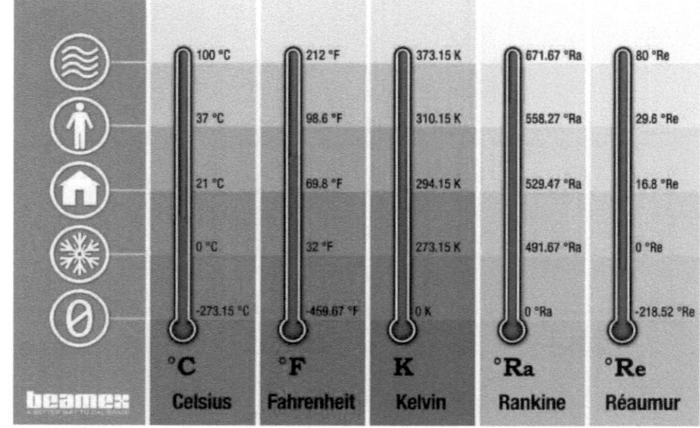

Figura 8. Diferentes escalas de temperaturas y sus equivalencias. (Beamex, s.f.)

2.9 Calor

El calor es la transferencia de energía térmica debido a las diferencias de temperatura. Esta diferencia de temperatura también se conoce como gradiente de temperatura. Debido a que el calor es el movimiento de la energía, se mide en las mismas unidades que la energía: julios (J), también llamados julios. También es importante señalar que el trabajo y el calor están estrechamente relacionados (Leskow, 2021).

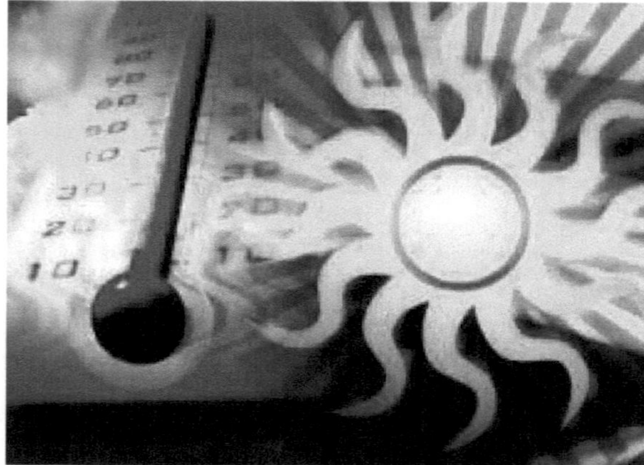

Figura 9. Esquematización de la relación entre el sol, energía y temperatura. (Docenteca, s.f.)

2.10 Irradiancia solar

La irradiancia solar es una medida clave en estudios relacionados con la energía solar, la meteorología y la climatología. Se refiere a la potencia por unidad de área recibida del sol en forma de radiación electromagnética en la parte superior de la atmósfera o a nivel de la superficie terrestre. La comprensión de la irradiancia solar es crucial para el diseño y la optimización de sistemas de energía solar, así como para el análisis de los efectos del clima y el tiempo atmosférico.

La irradiancia solar (E) se define como la densidad de potencia de la radiación solar recibida por una superficie por unidad de área y se expresa en vatios por metro cuadrado (W/m²). Esta medida incluye tanto la radiación directa del sol como la difusa, que es la radiación dispersada por la atmósfera (Duffie & Beckman, 2013).

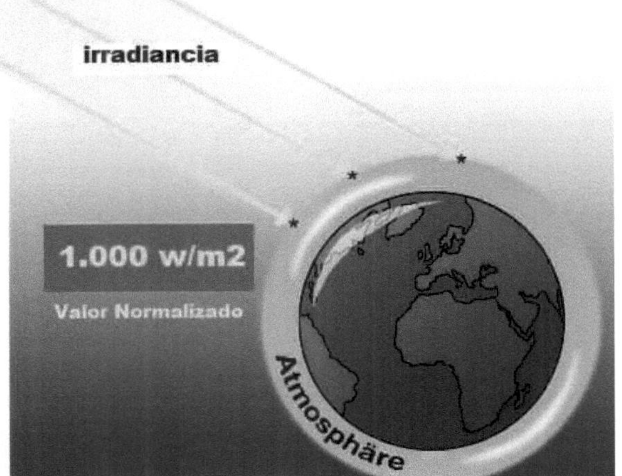

Figura 10. Diagrama y valor normalizado de la Irradiancia solar. (Área Tecnología, s.f.)

- Radiación Directa: Es la radiación que llega directamente del sol sin haber sido dispersada o reflejada.

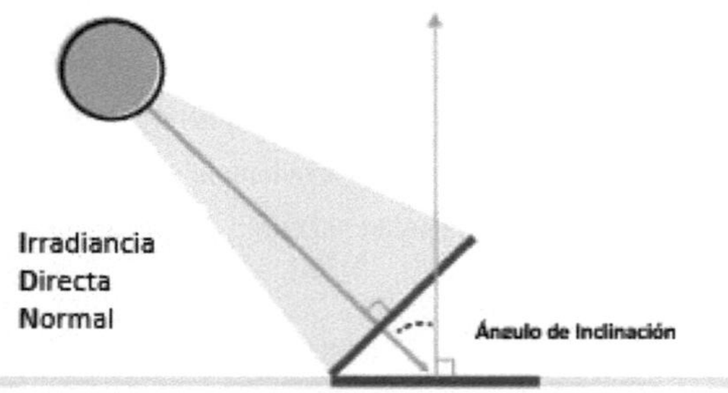

Figura 11. Diagrama de la Irradiancia Directa. (Solar Anywhere, 2021.)

- Radiación Difusa: Es la radiación que ha sido dispersada por moléculas y partículas en la atmósfera.

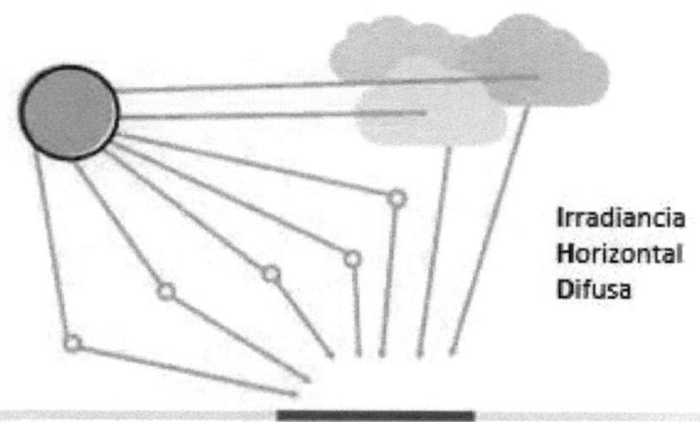

Figura 12. Diagrama de la Irradiancia Horizontal Difusa. (Solar Anywhere, 2021.)

- Radiación Global: Es la suma de la radiación directa y la difusa que alcanza la superficie de la Tierra.

$$GHI = DHI + DNI * cos(\propto_{inclinación})$$

Figura 13. Ecuación para determinar la Radiación Global (GHI). (Solar Anywhere, 2021.)

Factores que Afectan la Irradiancia Solar:

- Latitud: La irradiancia solar es mayor en las regiones ecuatoriales y disminuye hacia los polos.

Figura 14. La energía solar y la latitud. (CK-12 Foundation, s.f.)

- Estación del Año: Debido a la inclinación del eje terrestre, la irradiancia varía con las estaciones, siendo mayor en verano y menor en invierno en cada hemisferio.

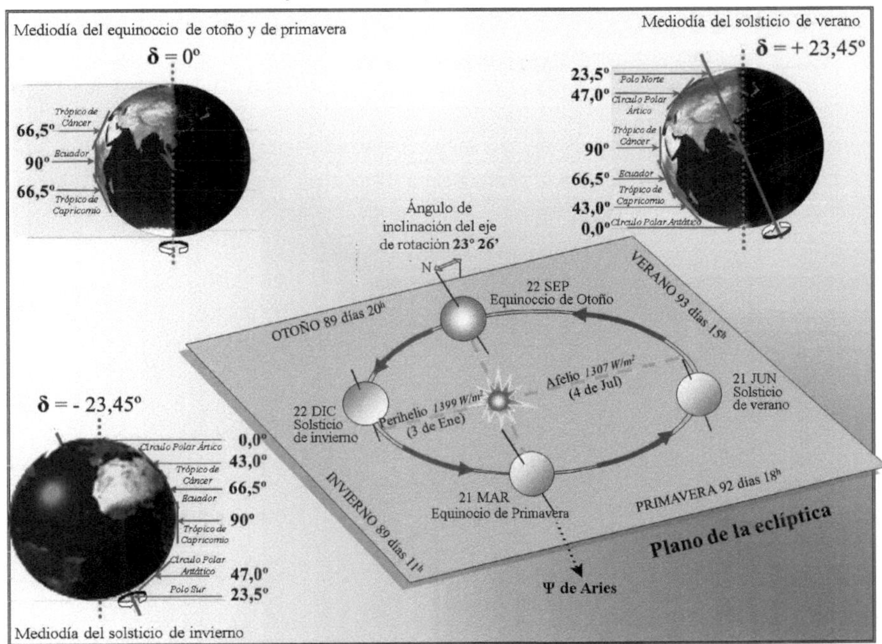

Figura 15. La energía solar y las estaciones del año. (Ferrer, s.f.)

- Hora del Día: La irradiancia solar es máxima al mediodía cuando el sol está en su punto más alto en el cielo.

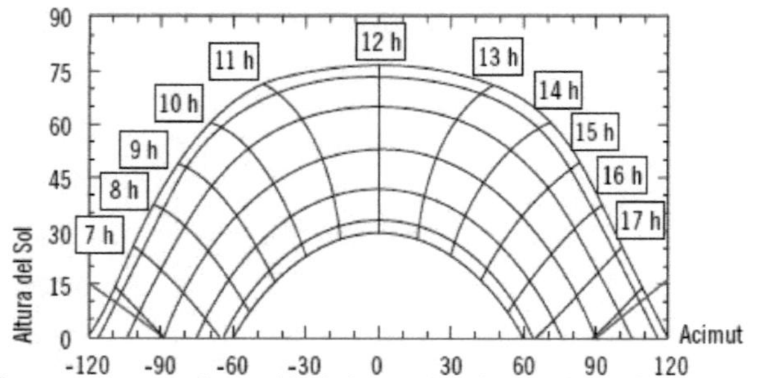

Figura 16. Gráfica que muestra la fluctuación de la energía solar y las horas del día. (DBP, s.f.)

- Altitud: A mayor altitud, la atmósfera es más delgada, lo que reduce la cantidad de radiación dispersada y absorbida.

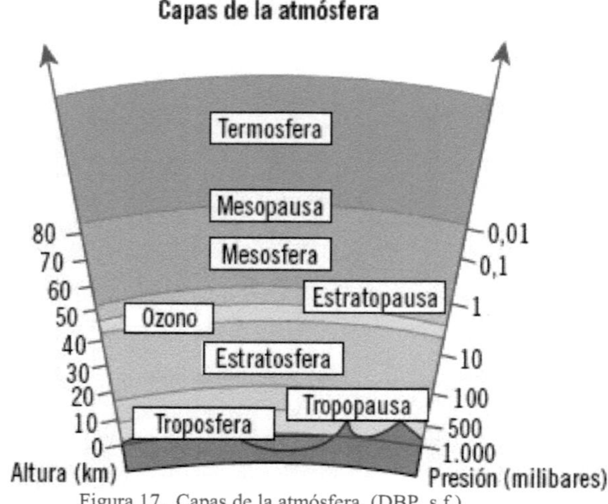

Figura 17. Capas de la atmósfera. (DBP, s.f.)

- Condiciones Atmosféricas: La presencia de nubes, polvo, y contaminantes en el aire puede reducir la cantidad de irradiancia solar que alcanza la superficie terrestre (Iqbal, 1983).

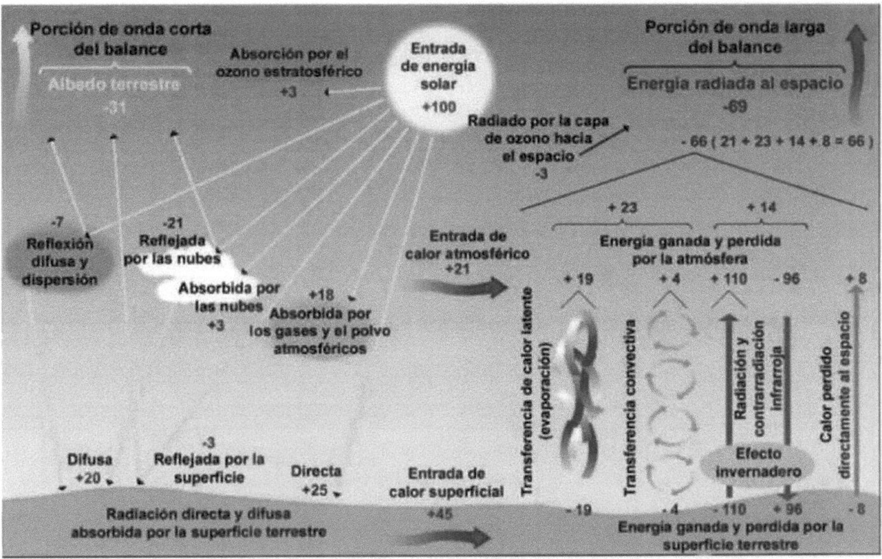

Figura 18. Balance energético de la atmósfera. (Meteorología en Red, s.f.)

Medición de la Irradiancia Solar:

La medición precisa de la irradiancia solar es fundamental para aplicaciones en energía solar y climatología. Los instrumentos comúnmente utilizados incluyen:

- Piranómetros: Miden la radiación solar global (directa + difusa) sobre una superficie plana.

Figura 19. Fotografía de un Piranómetro. (HACH, 2024)

- Pirheliómetros: Miden la radiación solar directa.

Figura 20. Fotografía de un Pirheliómetro. (Elemetrics, 2024)

- Actinómetros: Miden la radiación solar y otras radiaciones.

Figura 21. Fotografía de un Actinómetro. (Kipp and Zonen, 2024)

Aplicaciones de la Irradiancia Solar

- Energía Solar Fotovoltaica: La eficiencia y diseño de los paneles solares dependen de la cantidad de irradiancia solar disponible en una ubicación específica (Masters, 2004).

Figura 22. Aplicación de irradiancia solar, para la generación de energía eléctrica por paneles fotovoltaicos. (Factor Energía, s.f.)

- Climatología y Meteorología: La irradiancia solar afecta el clima y las condiciones meteorológicas al influir en la temperatura y el ciclo hidrológico (Stull, 1988).

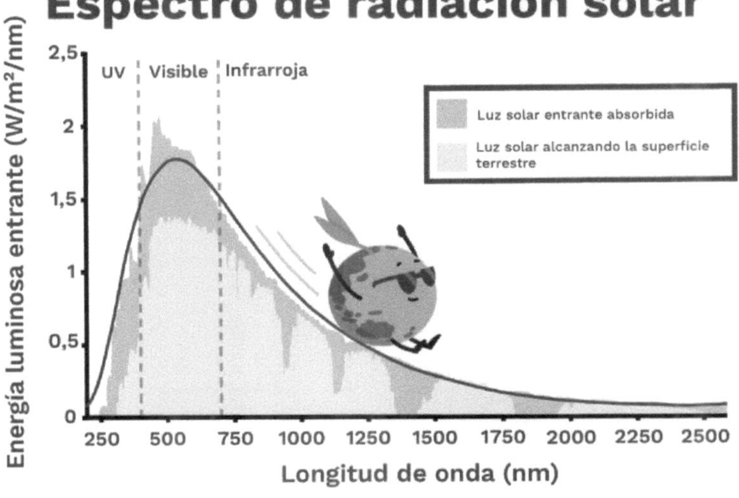

Figura 23. Espectro de radiación solar. (Climate Science, s.f.)

- Agricultura: La cantidad de irradiancia solar influye en la fotosíntesis y, por ende, en el crecimiento de las plantas y la productividad agrícola (Monteith & Unsworth, 2013).

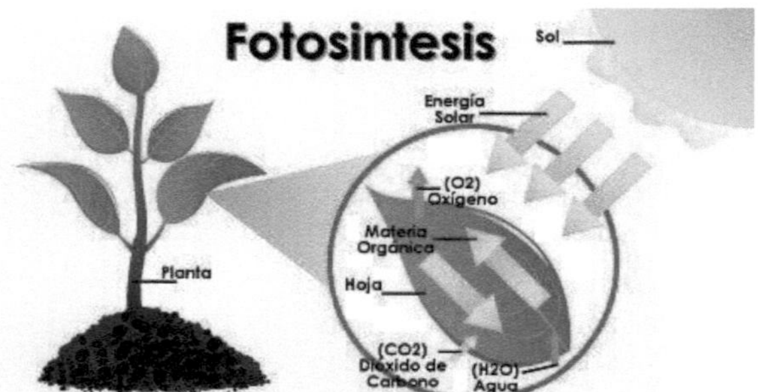

Figura 24. Importancia de la irradiancia solar en la fotosíntesis y la producción de plántulas. (Proain, s.f.)

2.11 Punto focal de los tubos de evacuado de un calentador solar

El punto focal en un calentador solar es el lugar donde los rayos solares convergen después de ser reflejados o refractados por una superficie parabólica o una lente. Este principio es utilizado en varios tipos de calentadores solares, incluidos los colectores de concentración, para maximizar la eficiencia en la captación de energía solar (Duffie & Beckman, 2013).

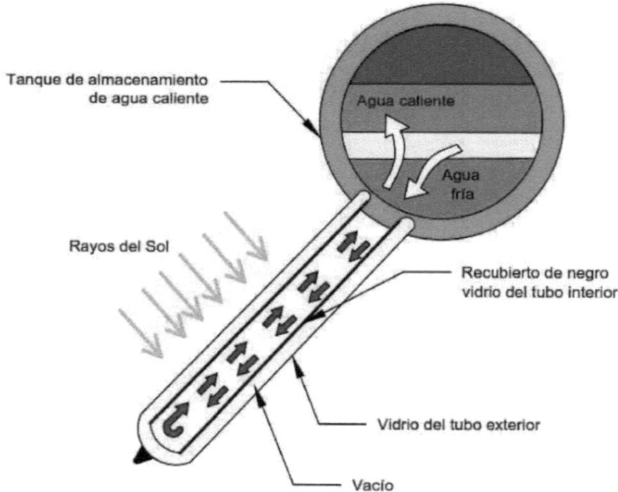

Figura 25. Funcionamiento de un calentador solar de agua de tubos al vacío. (Alternativa Renovable, 2016)

Colectores Parabólicos: Utilizan espejos parabólicos para concentrar los rayos solares en un tubo receptor situado en el punto focal de la parábola. El fluido que circula por el tubo absorbe el calor y lo transfiere a un sistema de almacenamiento o directamente a un punto de uso (Kalogirou, 2014).

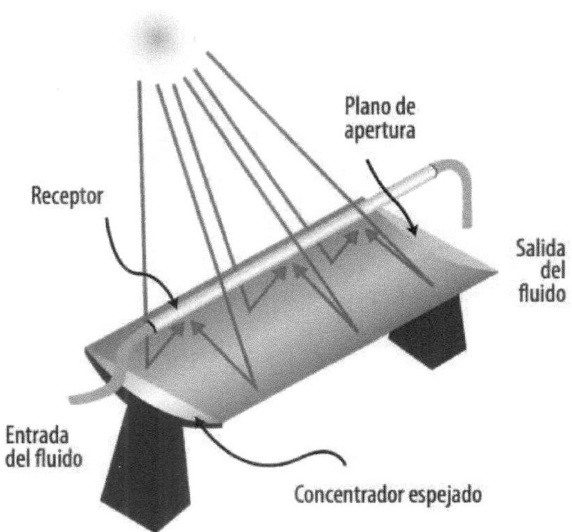

Figura 26. Funcionamiento de los colectores parabólicos. (Ávila, J., 2017)

Colectores de Fresnel: Emplean un conjunto de espejos planos dispuestos en ángulo para enfocar los rayos solares en un receptor fijo. Estos colectores también dependen del principio del punto focal para aumentar la densidad de energía solar en el receptor (Lovegrove & Stein, 2012). A continuación, se muestran las aplicaciones del punto focal en calentadores solares

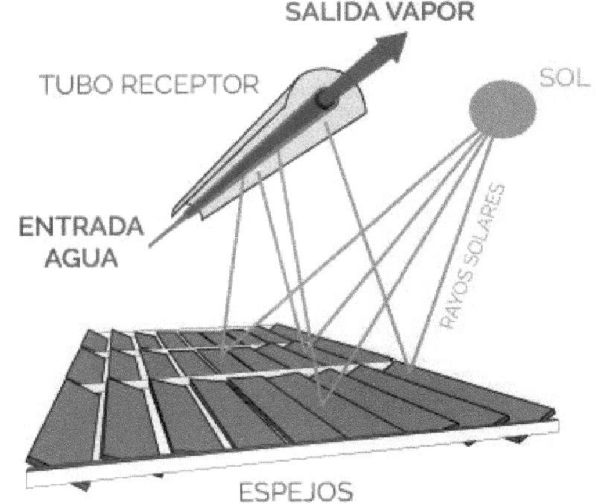

Figura 27. Funcionamiento de colectores de Fresnel. (RESSSPI, s.f.)

Generación de Electricidad: Los sistemas de concentración solar que utilizan puntos focales son esenciales en plantas de energía solar térmica. Estos sistemas calientan un fluido térmico que luego se usa para generar vapor y accionar turbinas para la producción de electricidad (Zarza et al., 2004).

Figura 28. Torre central para generación de energía. (Keeui, 2021)

Calentamiento de Agua: En aplicaciones domésticas e industriales, los calentadores solares de concentración se utilizan para calentar agua a altas temperaturas, reduciendo la dependencia de combustibles fósiles y disminuyendo los costos de energía (Mekhilef et al., 2011).

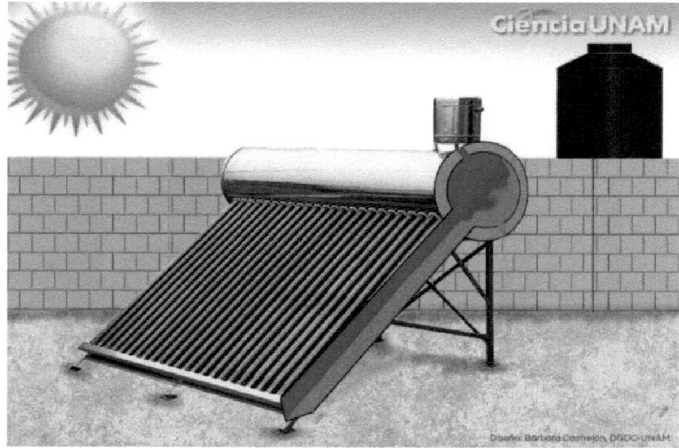

Figura 29. Fotografía y funcionamiento de un calentador solar. Representando el agua caliente en color rojo, y la fría en color azul. (Ciencia UNAM, s.f.)

Procesos Industriales: Los procesos que requieren calor a alta temperatura, como la desalinización, la pasteurización y la esterilización, pueden beneficiarse del uso de calentadores solares con puntos focales para obtener una fuente de calor sostenible y eficiente (Horta, Mendes & Monteiro, 2018).

Figura 30. Diseño de una bomba de calor para el calentamiento en la industria. (Ingelcia, s.f.)

2.12 Concentrador solar

Un concentrador solar es un sistema óptico que enfoca la radiación solar incidente en una pequeña área, aumentando su densidad de potencia. Existen varios tipos de concentradores solares, cada uno con sus características y aplicaciones específicas (Kalogirou, 2014).

- Concentradores Lineales: Incluyen colectores cilindro-parabólicos y fresnel lineales. Estos sistemas concentran la luz solar a lo largo de una línea focal.

Figura 31. Sistema solar de concentración lineal. (Eurostar Solar, s.f.)

- Concentradores Puntuales: Incluyen los discos parabólicos y los heliostatos en plantas de torre solar. Estos sistemas concentran la luz solar en un punto focal.

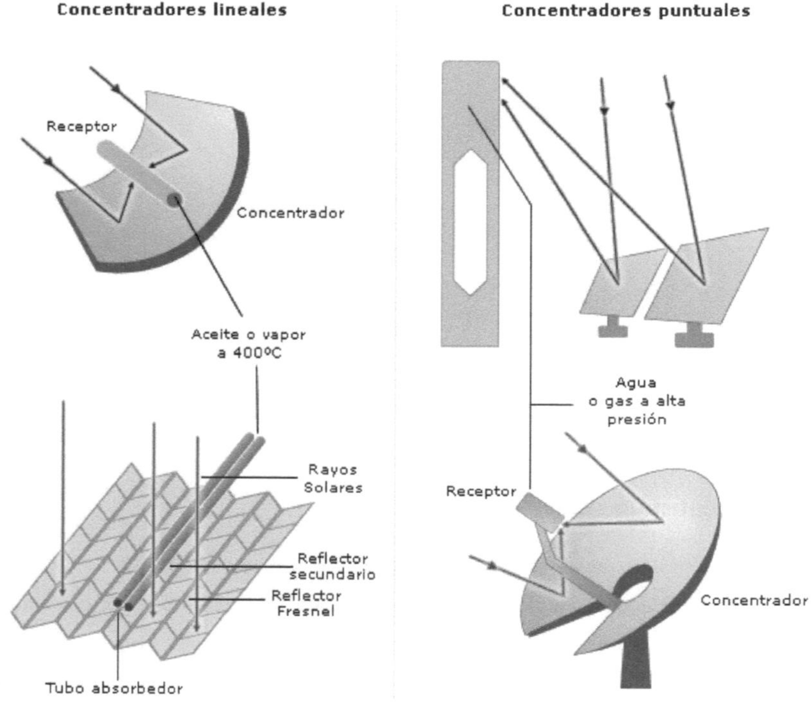

Figura 32. Esquema de concentradores puntuales. (The Morning Star G2, s.f.)

- Concentradores Nonimaging: Como los concentradores de tipo Compound Parabolic Concentrator (CPC), que no forman imágenes, pero son eficientes en captar la radiación solar difusa y directa.

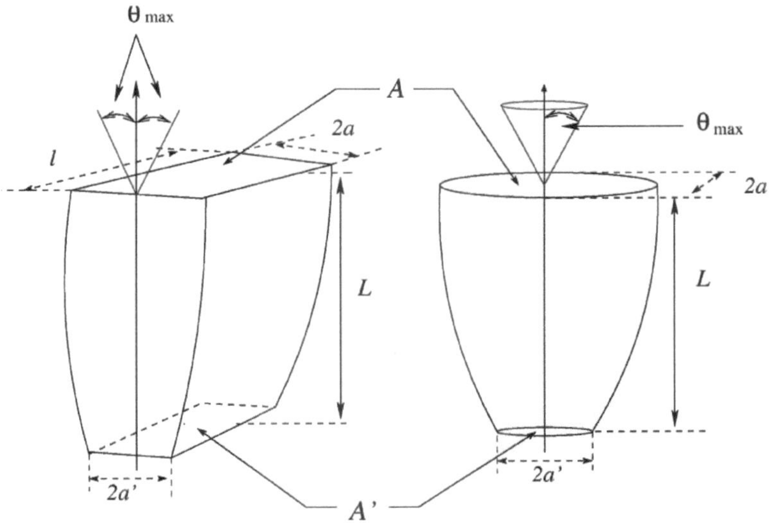

Figura 32. Esquema en perspectivas de concentradores tipo Nonimaging, a) Compound Parabolic Concentrator (CPC) en 2D, b) CPC en 3D. (S., S. & Del Río, Jesus, 2009)

Tipos de Concentradores Solares

Colectores Cilindro-Parabólicos:

Utilizan espejos parabólicos para concentrar la luz solar a lo largo de un tubo receptor.

Comúnmente usados en plantas de energía solar térmica.

Capaces de alcanzar altas temperaturas, adecuadas para generar vapor y electricidad (Duffie & Beckman, 2013).

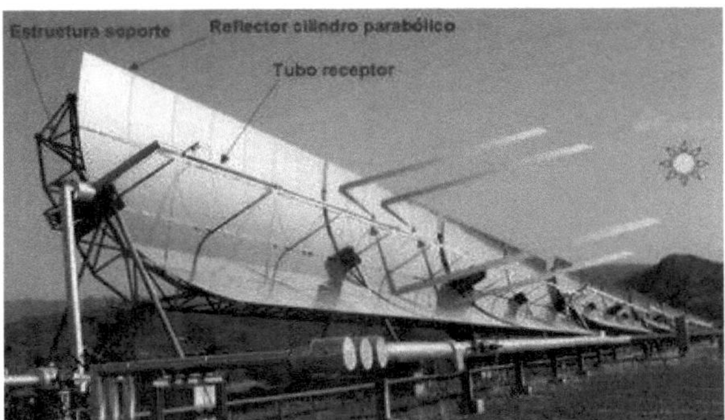

Figura 33. Tecnología de concentradores cilindro parabólico. (The Morning Star G2, 2012)

Discos Parabólicos:

Utilizan un reflector parabólico para enfocar la luz solar en un receptor situado en el punto focal. Alta eficiencia de concentración, adecuada para aplicaciones que requieren altas temperaturas (Wagner & Gilman, 2011).

Figura 34. Fotografía de un concentrador solar de disco parabólico. (Concentración Solar, s.f.)

Heliostatos y Torres Solares:

Utilizan espejos planos (heliostatos) para dirigir la luz solar a un receptor ubicado en la parte superior de una torre. Utilizados en plantas de energía solar de torre, capaces de generar electricidad a gran escala (Kalogirou, 2014).

Figura 35. Fotografía de un concentrador solar formado por heliostatos. (GMD Sol, s.f.)

Concentradores Fresnel:

Utilizan múltiples espejos planos para concentrar la luz solar en un receptor lineal.

Diseño más simple y menos costoso en comparación con los cilindro-parabólicos (Pihl & Boulay, 2012).

Figura 36. Concentrador solar tipo Fresnel (Hogarsense, s.f.)

Concentradores de Tipo CPC:

Capturan tanto la radiación directa como la difusa. No forman imágenes, pero son muy eficientes en la captura de luz (Rabl, 1985).

Figura 37. Concentrador solar tipo CPC (Fordecyt-IER UNAM, s.f.)

Principios de Funcionamiento

El principio de funcionamiento de los concentradores solares se basa en las leyes de la óptica, específicamente en la reflexión y la refracción de la luz. Los componentes clave de un concentrador solar incluyen:

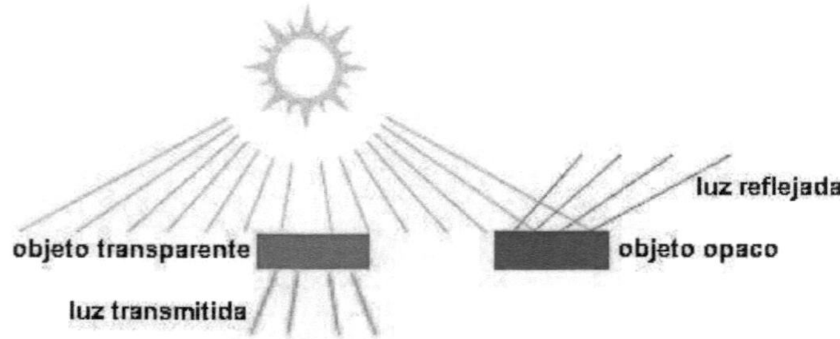

Figura 38. Reflexión y refracción de la luz. (Medium, 2019)

- Reflectores: Superficies espejadas que reflejan y concentran la luz solar en el receptor.

Figura 39. Espejos gigantes utilizados como reflectores en el invierno en Noruega. (ArchDaily, 2013)

- Receptores: Superficies o dispositivos que absorben la energía solar concentrada y la convierten en calor o electricidad.

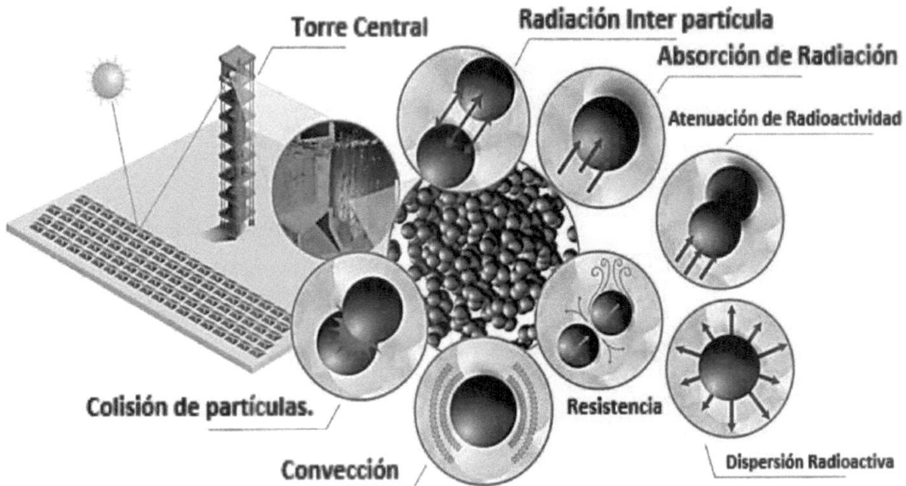

Figura 40. Conceptualización de la nueva generación de receptores de partículas de energía solar por concentración. (Ecoinventos, 2018)

- Seguimiento Solar: Sistemas que ajustan la orientación del concentrador para seguir la trayectoria del sol, maximizando la captura de energía (Masters, 2004)

Figura 41. Sistema de seguimiento solar. (Energía Solar, s.f.)

2.13 Concentrador Fresnel

Los concentradores Fresnel son una tecnología avanzada en el campo de la energía solar que permite la concentración de la luz solar mediante múltiples espejos planos o prismas. Su diseño simplificado y su capacidad para reducir costos de fabricación y mantenimiento los hacen atractivos para diversas aplicaciones solares térmicas y fotovoltaicas. Estos concentradores llevan el nombre del físico francés Augustin-Jean Fresnel, conocido por sus contribuciones a la óptica.

Un concentrador Fresnel es un sistema óptico que utiliza múltiples espejos planos (o lentes) dispuestos de manera que concentran la luz solar en un receptor lineal o puntual. La principal ventaja de los concentradores Fresnel es su diseño modular y más económico en comparación con los sistemas parabólicos tradicionales (Kalogirou, 2014).

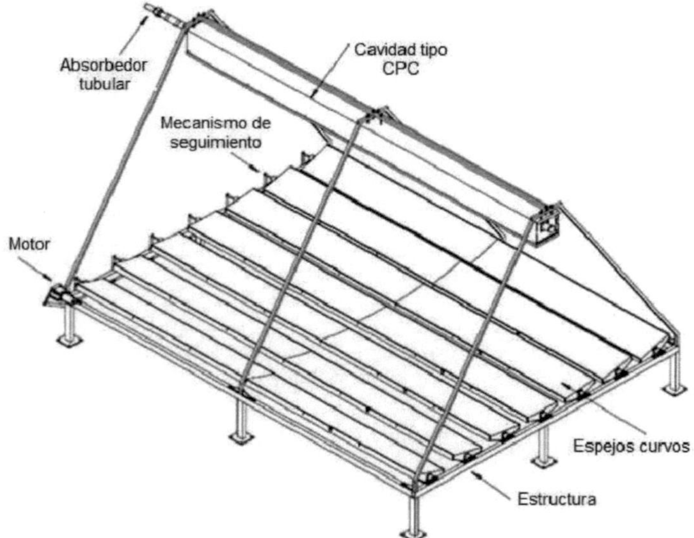

Figura 42. Concentrador lineal Fresnel de espejos curvos y cavidad CPC. (Lara, F. et al, 2012.)

Reflectores Lineales Fresnel:

Utilizan una serie de espejos planos para concentrar la luz solar en un tubo receptor fijo.

Pueden seguir el movimiento del sol a lo largo de un eje (seguimiento uniaxial) o en dos ejes (seguimiento biaxial).

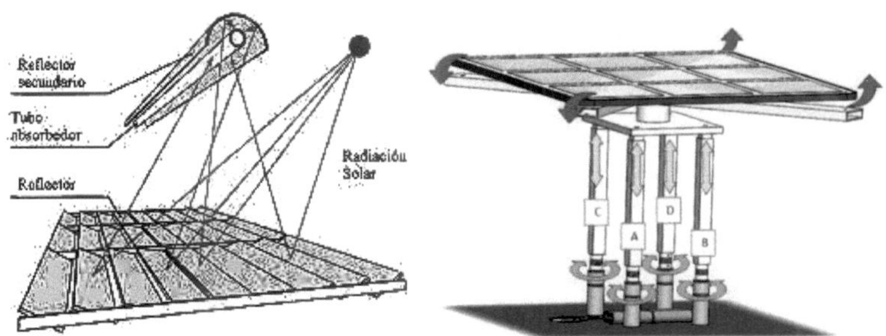

Figura 47. Reflector lineal Fresnel monoaxial y biaxial en orden de aparición. (Tecpa, s.f.)

Lentes Fresnel:

Utilizan una serie de prismas o segmentos de lentes dispuestos en un patrón circular para concentrar la luz solar. Comúnmente utilizadas en aplicaciones fotovoltaicas concentradas (CPV).

Figura 48. Fotografía donde se puede apreciar la configuración de un lente Fresnel. (Made in China, s.f.)

Principios de Funcionamiento

El principio de funcionamiento de los concentradores Fresnel se basa en la reflexión y refracción de la luz solar:

Espejos Planos:

Los espejos planos están dispuestos en filas y cada uno se ajusta en un ángulo específico para dirigir la luz solar hacia un receptor central. La configuración de los espejos permite que el sistema sea más compacto y fácil de fabricar que los concentradores parabólicos (Pihl & Boulay, 2012).

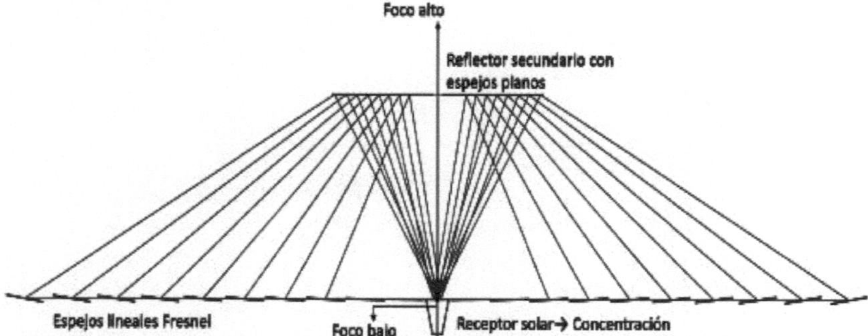

Figura 49. Diagrama de configuración de espejos de reflexión planos. (Madrimasd, 2021)

Lentes Fresnel:

Las lentes Fresnel están compuestas por una serie de segmentos de lentes más delgadas que una lente convencional, reduciendo el volumen y el peso. Estas lentes concentran la luz solar en un pequeño punto focal, aumentando la intensidad de la radiación sobre las células solares (Rabl, 1985).

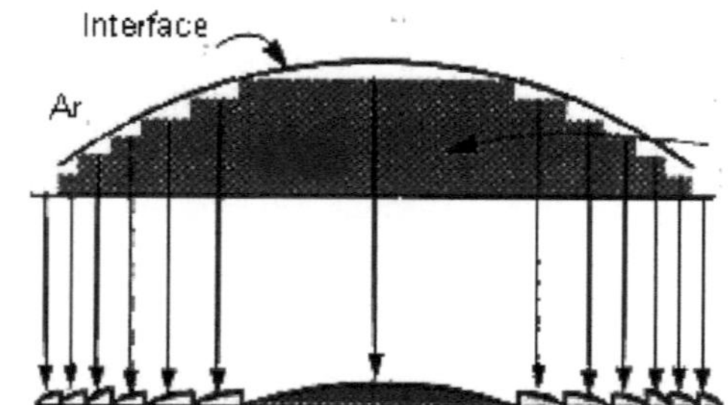

Figura 50. Diagrama de la estructura de un lente de Fresnel. (100cía en casa, 2012)

Ventajas:

- Costo Reducido: Menor costo de fabricación debido al uso de materiales planos y de fácil fabricación.

- Diseño Modular: Permite una fácil escalabilidad y mantenimiento del sistema.

- Flexibilidad de Diseño: Puede integrarse en diversas configuraciones y aplicaciones solares.

Desventajas:

Eficiencia Óptica Menor: Puede tener una eficiencia óptica ligeramente menor en comparación con los sistemas parabólicos debido a pérdidas por reflexión y dispersión.

Seguimiento Solar Necesario: Requiere un sistema de seguimiento solar preciso para maximizar la captura de energía.

Aplicaciones de los Concentradores Fresnel

Plantas de Energía Solar Térmica:

Utilizadas para generar vapor que alimenta turbinas para la producción de electricidad.

Adecuadas para aplicaciones a gran escala debido a su capacidad para concentrar grandes cantidades de energía solar (Kalogirou, 2014).

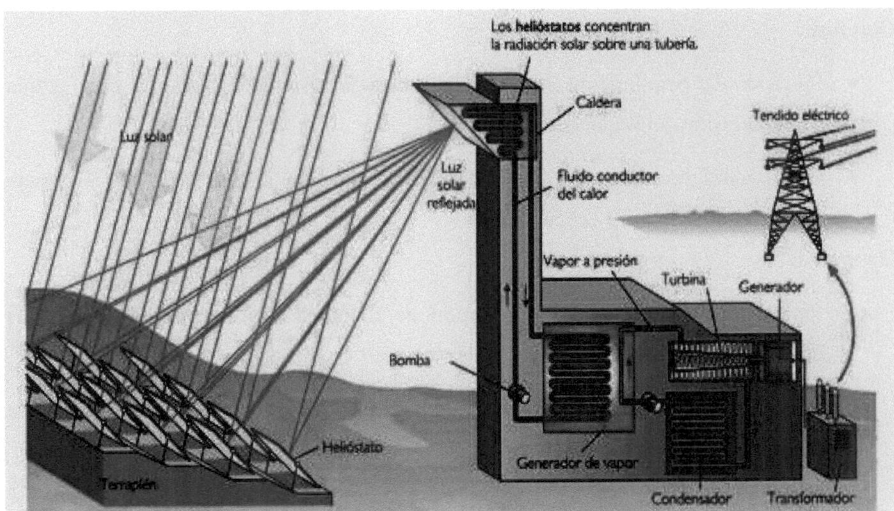

Figura 51. Planta de energía solar térmica. (Canaltic, s.f.)

Sistemas Fotovoltaicos Concentrados (CPV):

Utilización de lentes Fresnel para enfocar la luz solar en células solares de alta eficiencia.

Mejora la eficiencia de conversión y reduce el costo por vatio de energía producida (Leutz & Suzuki, 2001).

Figura 52. Fotografías de la aplicación de sistemas fotovoltaicos concentrados (CPV). (Eco Solar Esp., s.f.)

Calentamiento de Fluidos:

Aplicaciones industriales para el calentamiento de agua o aceite en procesos que requieren altas temperaturas. Beneficios en términos de eficiencia y reducción de costos operativos.

Desafíos y Oportunidades

Desafíos:

- Precisión del Seguimiento Solar: La eficiencia del sistema depende en gran medida de la precisión del seguimiento solar.

- Condiciones Atmosféricas: La variabilidad de las condiciones atmosféricas puede afectar la eficiencia de concentración.

Oportunidades:

- Innovaciones Tecnológicas: Desarrollo de materiales reflectantes y lentes más eficientes.

- Integración en Sistemas Híbridos: Combinación con otras tecnologías de energía renovable para mejorar la fiabilidad y la producción de energía.

2.14 Características de aguas estancadas y aguas provenientes de la lluvia

Las aguas estancadas son cuerpos de agua que se encuentran en reposo sin flujo significativo. Ejemplos comunes incluyen lagunas, estanques, charcos, y reservorios donde el agua no circula. Estas aguas pueden surgir de fuentes naturales, como la acumulación de lluvia, o de fuentes artificiales, como la recolección de agua en estructuras construidas por el hombre (Smith, 2020.).

Figura 53. Fotografías de cuerpos de agua estancada. (Tunes, S., 2020)

Características:

- Falta de movimiento: La característica principal de las aguas estancadas es la ausencia de movimiento o circulación, lo que provoca que el agua permanezca en un solo lugar por un período prolongado.

Figura 54. Canal Nacional en Ciudad de México, que muestra agua sin movimiento. (León, A., 2020)

- Proliferación de Microorganismos: Debido a la falta de movimiento, estas aguas son propensas a la proliferación de bacterias, algas y otros microorganismos que pueden afectar su calidad.

Figura 55. Agua estancada en Navojoa. (Castellón, J., 2022)

- Bajo Nivel de Oxígeno: La estancación del agua a menudo conduce a un bajo nivel de oxígeno disuelto, lo que puede afectar la vida acuática y promover condiciones anaeróbicas que generan malos olores.

Figura 56. Lago donde se comienza a percibir problemas de eutrofización por los bajos niveles de oxígeno disuelto. (Rodríguez, H., 2022)

- Riesgo de Contaminación: Las aguas estancadas pueden acumular contaminantes, como escombros, productos químicos y materia orgánica, lo que puede hacerlas insalubres y peligrosas para el consumo humano y animal.

Figura 57. Río en Nigeria que muestra estancamiento y contaminación. (Kashi, E., 2024)

Concepto y Características de las Aguas Provenientes de la Lluvia

Concepto:

Las aguas provenientes de la lluvia, también conocidas como aguas pluviales, son el agua que cae a la tierra durante las precipitaciones. Estas aguas pueden ser recolectadas y utilizadas para diferentes propósitos, como el riego, la recarga de acuíferos, o, con el tratamiento adecuado, el consumo humano (García, 2017).

Características:

- Disponibilidad Temporal: Las aguas pluviales están disponibles en función de los patrones climáticos, lo que las hace una fuente estacional de agua.

Figura 58. Imagen ilustrativa de la disponibilidad de captación de agua en temporal de lluvias. (Oliver, C., s.f)

- Calidad Variable: La calidad de las aguas pluviales puede variar significativamente dependiendo de la atmósfera, las superficies sobre las que caen y los contaminantes arrastrados.

Figura 59. Formación de lluvia ácida por contaminación atmosférica. (Roucau, M.., s.f)

- Potencial de Recolección: Las aguas pluviales se pueden recolectar de techos y otras superficies duras, utilizando sistemas de captación que permiten su almacenamiento y posterior uso.

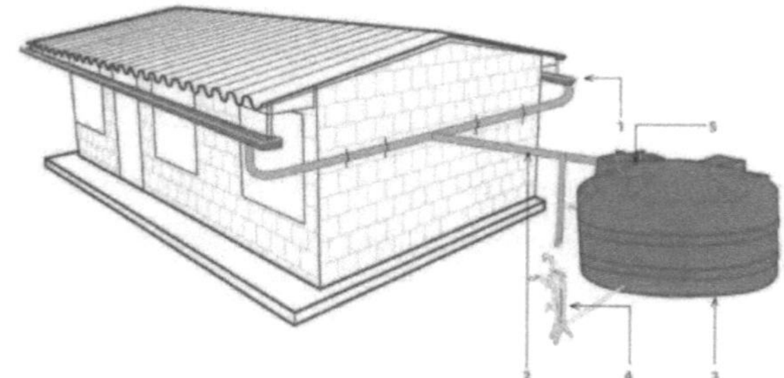

Figura 60. Sistema de recolección pluvial implementado en casas habitación. (JAPAC, 2018)

- Menor Contaminación Inicial: Aunque pueden arrastrar contaminantes del aire y de las superficies, las aguas pluviales generalmente tienen menos contaminantes que otras fuentes de agua, como las aguas superficiales o subterráneas.

Figura 61. Operación de canaletas de captación pluvial, donde se aprecia la cristalinidad del agua captada. (Tricanal, s.f.)

2.15 NOM-003-SEMARNAT-1997

La Norma Oficial Mexicana NOM-003-SEMARNAT-1997 tiene como objetivo establecer los límites máximos permisibles de contaminantes en las aguas residuales tratadas que se reúsan en servicios al público. Esta norma es esencial para garantizar que el reuso de aguas residuales tratadas no represente un riesgo para la salud pública y el medio ambiente.

Esta norma aplica a:

- Entidades públicas y privadas que tratan y reúsan aguas residuales en servicios al público.

- Usos específicos como el riego de áreas verdes, campos de golf, y en la agricultura.

- Lavado de calles y vehículos.

- Recarga de acuíferos, entre otros.

Parámetros y Límites Máximos Permisibles

La norma establece los límites máximos permisibles para diversos contaminantes en las aguas residuales tratadas. Estos límites están diseñados para proteger la salud pública y el medio ambiente. Los principales parámetros incluyen:

Microbiológicos:

- Coliformes Fecales: Menos de 1,000 NMP/100 ml.

- Helmintos: Menos de 1 huevo/L.

Fisicoquímicos:

- Sólidos Suspendidos Totales (SST): Máximo de 30 mg/L.

- Demanda Bioquímica de Oxígeno (DBO5): Máximo de 20 mg/L.

Metales Pesados y Otros Compuestos:

- Arsénico (As): Máximo de 0.1 mg/L.

- Cadmio (Cd): Máximo de 0.01 mg/L.

- Cromo Total (Cr): Máximo de 0.1 mg/L.

- Plomo (Pb): Máximo de 0.2 mg/L.

- Mercurio (Hg): Máximo de 0.001 mg/L.

Metodología de Muestreo y Análisis

La NOM-003-SEMARNAT-1997 especifica los métodos de muestreo y análisis que deben utilizarse para medir los niveles de contaminantes en las aguas residuales tratadas.

Estos métodos son consistentes con los estándares nacionales e internacionales para garantizar la precisión y la confiabilidad de los resultados.

Muestreo: El muestreo debe realizarse de manera representativa y en puntos específicos del sistema de tratamiento de aguas residuales. Se recomienda el uso de procedimientos estandarizados para evitar la contaminación y el deterioro de las muestras.

Análisis: Los análisis deben ser realizados por laboratorios acreditados utilizando métodos validados. Los resultados deben ser reportados a las autoridades competentes de acuerdo con los procedimientos establecidos (Secretaría de Medio Ambiente y Recursos Naturales, 2021).

2.16 NOM-001-SEMARNAT-2021

La Norma Oficial Mexicana NOM-001-SEMARNAT-2021 establece los límites máximos permisibles de contaminantes en las descargas de aguas residuales en cuerpos receptores de aguas nacionales. Su objetivo es proteger la calidad de los recursos hídricos y preservar el medio ambiente y la salud pública.

Estas son algunas de las aplicaciones de la norma:

- Fuentes fijas como industriales, comerciales, de servicios o municipales.

- Cualquier otra fuente que descargue aguas residuales en cuerpos receptores de aguas nacionales.

Parámetros y Límites Máximos Permisibles

La norma define los límites máximos permisibles para una variedad de contaminantes. Estos límites se aplican a las descargas de aguas residuales a ríos, lagos, lagunas, estuarios y aguas marinas, entre otros cuerpos receptores.

Parámetros Fisicoquímicos:

- Demanda Bioquímica de Oxígeno (DBO5): Máximo de 75 mg/L.

- Sólidos Suspendidos Totales (SST): Máximo de 75 mg/L.

- Demanda Química de Oxígeno (DQO): Máximo de 150 mg/L.

- Grasas y Aceites: Máximo de 15 mg/L.

- pH: Entre 5 y 10 unidades.

Metales Pesados y Otros Contaminantes:

- Arsénico (As): Máximo de 0.2 mg/L.

- Cadmio (Cd): Máximo de 0.01 mg/L.

- Cobre (Cu): Máximo de 4 mg/L.

- Cromo Total (Cr): Máximo de 1 mg/L.

- Plomo (Pb): Máximo de 0.2 mg/L.

- Mercurio (Hg): Máximo de 0.01 mg/L.

Otros Parámetros Relevantes:

- Nitrógeno Total: Máximo de 15 mg/L.

- Fósforo Total: Máximo de 5 mg/L.

- Coliformes Fecales: Máximo de 1,000 NMP/100 ml.

Metodología de Muestreo y Análisis

La norma detalla los procedimientos para el muestreo y análisis de las aguas residuales para garantizar la precisión y confiabilidad de los resultados:

Muestreo: Debe realizarse de manera representativa y en puntos específicos del sistema de descarga. Se requiere la implementación de procedimientos estandarizados para evitar la contaminación y asegurar la integridad de las muestras. (Secretaría de Medio Ambiente y Recursos Naturales, 1997).

Análisis: Los análisis deben ser realizados por laboratorios acreditados utilizando métodos validados. Los resultados deben ser reportados a la Secretaría de Medio Ambiente y Recursos

Naturales (SEMARNAT) y otras autoridades pertinentes. (Secretaría de Medio Ambiente y Recursos Naturales, 2021).

2.17 NOM-127-SSA1-2021

La Norma Oficial Mexicana NOM-127-SSA1-2021 establece los límites permisibles de calidad y los tratamientos de potabilización del agua para uso y consumo humano. Esta norma es crucial para asegurar que el agua suministrada a la población sea segura y apta para el consumo humano, protegiendo la salud pública.

Esta norma aplica a:

- Todos los sistemas de abastecimiento de agua para uso y consumo humano, tanto públicos como privados.

- Operadores y proveedores de servicios de agua potable, incluyendo municipios, organismos operadores y concesionarios.

Parámetros y Límites Máximos Permisibles
La NOM-127-SSA1-2021 especifica los límites máximos permisibles para una variedad de contaminantes microbiológicos, físicos, químicos y radioactivos. Estos parámetros son esenciales para asegurar la calidad del agua potable.

Parámetros Microbiológicos:

- Coliformes Totales: 0 en 100 ml.

- *Escherichia coli* (E. coli): 0 en 100 ml.

Parámetros Fisicoquímicos:

- Turbidez: No mayor de 5 UNT (Unidades Nefelométricas de Turbidez).

- pH: Entre 6.5 y 8.5.

- Color Verdadero: No mayor de 15 unidades de color.

Metales Pesados y Otros Contaminantes Químicos:

- Arsénico (As): Máximo de 0.025 mg/L.

- Cadmio (Cd): Máximo de 0.003 mg/L.

- Cromo (Cr): Máximo de 0.05 mg/L.

- Plomo (Pb): Máximo de 0.01 mg/L.

- Mercurio (Hg): Máximo de 0.001 mg/L.

- Nitratos (NO3): Máximo de 10 mg/L.

- Fluoruros (F): Máximo de 1.5 mg/L.

Contaminantes Orgánicos:

- Benceno: Máximo de 0.01 mg/L.

- Tetracloruro de carbono: Máximo de 0.002 mg/L.

- Cloroformo: Máximo de 0.07 mg/L.

Parámetros Radioactivos:

- Alfa Total: Máximo de 0.1 Bq/L (Becquerel por litro).

- Beta Total: Máximo de 1.0 Bq/L.

Metodología de Muestreo y Análisis

La norma detalla los procedimientos para el muestreo y análisis del agua potable para garantizar la precisión y confiabilidad de los resultados:

Muestreo: Debe realizarse de manera representativa y en puntos específicos del sistema de abastecimiento. Los procedimientos estandarizados deben seguirse para evitar la contaminación y asegurar la integridad de las muestras.

Análisis: Los análisis deben ser realizados por laboratorios acreditados utilizando métodos validados. Los resultados deben ser reportados a la Secretaría de Salud y otras autoridades pertinentes. (Secretaria de la salud, 2021).

2.18 NOM-230-SSA1-2002

La Norma Oficial Mexicana NOM-230-SSA1-2002 establece los requisitos sanitarios que deben cumplir los sistemas de abastecimiento de agua para uso y consumo humano. Su objetivo principal es proteger la salud de la población asegurando que el agua suministrada sea segura y libre de contaminantes.

Esta norma se aplica a:

- Todos los sistemas de abastecimiento de agua potable, tanto públicos como privados.

- Operadores y proveedores de servicios de agua potable, incluyendo municipios, organismos operadores y concesionarios.

Requisitos Sanitarios

La NOM-230-SSA1-2002 especifica una serie de requisitos que deben cumplir los sistemas de abastecimiento de agua para garantizar su calidad y seguridad. Estos requisitos incluyen:

Control y Vigilancia de la Calidad del Agua:

- Realizar análisis microbiológicos, físicos y químicos del agua en diferentes puntos del sistema de distribución.

- Monitorear regularmente la calidad del agua para detectar cualquier desviación de los parámetros establecidos.

Infraestructura y Operación:

- Captación: Garantizar que las fuentes de agua (pozos, manantiales, ríos) estén protegidas contra la contaminación.
- Tratamiento: Aplicar procesos adecuados de potabilización, incluyendo coagulación, floculación, sedimentación, filtración y desinfección.
- Almacenamiento: Mantener tanques y depósitos en condiciones higiénicas y realizar limpiezas periódicas.
- Distribución: Asegurar que las redes de distribución estén en buen estado y libres de fugas o contaminación cruzada.

Desinfección:

- Mantener un nivel residual de cloro libre en el agua distribuida, entre 0.2 y 1.5 mg/L, para garantizar su desinfección continua.
- Realizar controles periódicos del nivel de cloro en diferentes puntos de la red de distribución.

Mantenimiento y Saneamiento:

- Realizar programas de mantenimiento preventivo y correctivo en todas las instalaciones del sistema de abastecimiento.
- Implementar medidas de saneamiento básico en las áreas circundantes a las fuentes y plantas de tratamiento.

Capacitación y Personal:

- Capacitar al personal encargado del manejo y operación de los sistemas de abastecimiento en buenas prácticas de higiene y manejo del agua.
- Contar con personal calificado para la operación y mantenimiento de los sistemas de tratamiento y distribución.

Metodología de Muestreo y Análisis

La norma detalla los procedimientos para el muestreo y análisis del agua potable para garantizar la precisión y confiabilidad de los resultados:

Muestreo: Debe realizarse de manera representativa en diferentes puntos del sistema de abastecimiento, incluyendo la fuente, los tanques de almacenamiento y la red de distribución.

Análisis: Los análisis deben ser realizados por laboratorios acreditados utilizando métodos estandarizados. Los parámetros por analizar incluyen coliformes totales, cloro residual, turbidez, pH, entre otros. (Secretaria de la salud, 2002).

CAPÍTULO III. DESARROLLO DEL PROYECTO Y SOLUCIONES PROPUESTAS

3.1 Procedimiento para la elaboración del prototipo de desinfección solar

1. Se pintó una garrafa de 20 L de plástico flexible con dos capas de pintura, la primera de color negro mate resistente al calor y de sacado rápido (Truper R), al secarse se aplicó la segunda capa esta vez con aerosol negro brillante resistente al calor y de secado rápido. Se dejó secar por 10 min.

Figura 62. Pintado de garrafa.

2. Se perforó la garrafa con dos perforaciones circulares con ayuda de un taladro y una sierra de agujero de 1/8 mm el cual se midió una inclinación de 23°, se colocó los empaques de los tubos de evacuados, el cual evitó salidas de presión.

Figura 63. Perforación de garrafa

3. Se cortó por la mitad un tubo de PVC de 8 in de diámetro y 2 m de largo el cual se determinó un corte de 4 in con una pulidora con un disco de 155m (Pretul R). Después

de eso se pintó ambos exteriores de los tubos con dos capas de pintura de color negro una de color mate y la otra de brillante respetivamente respetando los tiempos de secado de 3 min estos llevan el nombre de concentrador térmico.

Figura 64. Cortado y pintado de tubos que se emplearon como concentradores solares.

4. Después del tiempo de secado de los tubos, se forró la parte interna de los tubos con aluminio. (Concentradores térmicos listos).

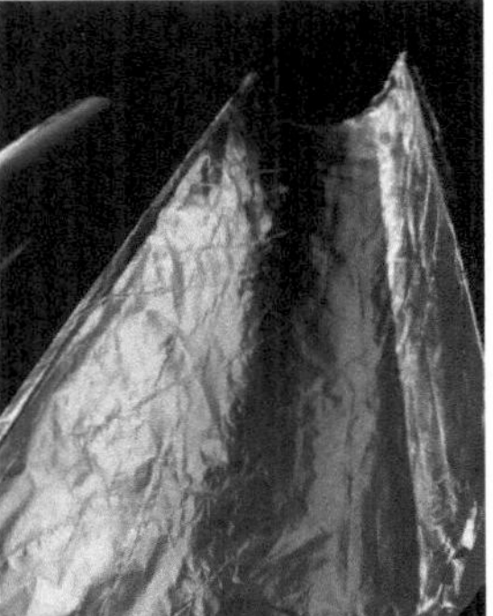

Figura 65. Forrado con papel aluminio de los concentradores.

5. Después de esto todo el proceso de preparación de material, se inició el proceso de ensamblaje de las piezas en el cual se montó en una base de 50 cm de alto donde se colocó la garrafa donde después se conectó los tubos de evacuados a 23° de inclinación donde van montados sobre los concentradores térmicos de igual manera

con un grado de inclinación de 23° suspendidos entre ellos así se obtuvo una inclinación 23°.

Figura 66. Armado de prototipo

6. Después del ensamblado se colocó el agua dando un total de 30 L y se conectó con la parte del tanque de destilado en el cual se dejó elaborar el proceso de destilado el cual alcanzó una temperatura de > 100°.

Figura 67. Arranque del prototipo

7. Una vez que terminó el proceso o el tiempo de luz solar que es de 10 am a 4 pm se retiró el agua y se almacenó.

3.2 Determinación de química de oxígeno en aguas naturales, residuales tratadas y residuales tratadas (DQO-TS).

En el marco del desarrollo del prototipo de desinfección solar para aguas estancadas y pluviales, se realizó una prueba de Demanda Química de Oxígeno (DQO) la cual se desarrolló gracias a la metodología de la NMX-AA-030/2-SFCI-2011 el cual así se evaluó su eficiencia en la mejora de la calidad del agua. La prueba de DQO donde se midió la cantidad de oxígeno necesario para oxidar la materia orgánica presente en el agua, proporcionando una indicación del nivel de contaminación orgánica.

Se realizó esta prueba para así verificar la eficacia del prototipo en la eliminación de contaminantes y asegurar que el agua tratada cumpla con los estándares de seguridad y salud. El resultado que se obtuvo permite ajustar y optimizar el diseño del sistema, el cual se garantizó que sea una solución viable y efectiva para las comunidades con acceso limitado a recursos económicos y tecnológicos.

- La siguiente metodología se realizó base a la NMX-AA-030/2-SCFI-2011 en el cual se preparó una solución de dicromato de potasio, disolución de referencia certificada (donde aplique), c (K_2Cr2O_7) = 0,10 mol/L (intervalo de hasta 1 000 mg/L de DQO-TS). Disolver (29,418 ± 0,005) g de dicromato de potasio (secado a 105 °C por 2 h ± 10 min) en aproximadamente 600 mL de agua en un vaso de precipitado. En el cual se agregó cuidadosamente 160 mL de ácido sulfúrico concentrado (véase 6.4.1) donde se agitó. Después se dejó enfriar y se diluyó a 1 000 mL en un matraz volumétrico. La disolución es estable al menos por seis meses.

Figura 68. Solución de Dicromato de Potasio, utilizada para preparación de viales de DQO

- La siguiente metodología se realizó en base a la NMX-AA-030/2-SCFI-2011 del cual se preparó una solución de sulfato de plata en ácido sulfúrico, c (Ag_2SO_4) = 0,038 5 mol/L. Disolver $(24,0 \pm 0,1)$ g de sulfato de plata en 2 L de ácido sulfúrico concentrado (véase 6.4.1). Donde de obtuvo una disolución satisfactoria, el cual se agitó la mezcla inicial. Después se dejó reposar una noche y después se agitó nuevamente con el fin de disolver todo el sulfato de plata. Se almacenó en una botella de vidrio oscuro protegido de la luz directa del sol. La disolución es estable por doce meses.

Figura 69. Solución de Dicromato de Potasio, viales de DQO, y soluciones patrón de ftalato ácido de potasio para preparación de curva de calibración.

- La siguiente metodología se realizó en base a la NMX-AA-030/2-SCFI-2011, el cual se preparó una disolución madre de referencia de concentración de masa de ftalato acido de potasio (KHP) [C_6H_4 (COOH) (COOK)], γ (DQO-TS) de 10 000 mg/L. Disolver (4,251 ± 0,002) g de ftalato hidrógeno de potasio, previamente secado a (105 ± 5) °C durante 2 h ± 10 min, en aproximadamente 350 mL de agua (véase 6.1). Se diluyó con agua a 500 mL en un matraz volumétrico. Después de almacenó la disolución en refrigeración de 2 °C a 8 °C y preparar nuevas disoluciones cada mes. Esta disolución puede adquirirse comercialmente. 6.8.2 Disoluciones de referencia para calibración instrumental, con valores de concentración de masa γ (DQO-TS) de 200 mg/L, 400 mg/L, 600 mg/L, 800 mg/L y 1 000 mg/L. Se diluyó, por separado, 20 mL, 40 mL, 60 mL, 80 mL y 100 mL de la disolución madre de referencia de concentración de masa de 10 000 mg/L (véase 6.8.1), con 4 mL de ácido sulfúrico diluido (véase 6.4.2) a 1 000 mL con agua. Almacenar estas disoluciones de 2 °C a 8 °C y prepare nuevas disoluciones cada mes (cuando aplique).

Figura 70. Soluciones patrón de ftalato ácido de potasio para preparación de curva de calibración.

- La siguiente metodología se realizó en base a la NMX-AA-030/2-SCFI-2011 en el cual se preparó una mezcla de (0,50 ± 0,01) mL de dicromato de potasio (véase 6.3) en tubos de digestión individuales (véase 7.1.2). Se agregó con cuidado (0,20 ± 0,01) mL de disolución de sulfato de mercurio (II) (véase 6.5), seguido de (2,50 ± 0,01) mL de sulfato de plata (véase 6.6). Donde se agitó cuidadosamente y a continuación, después se tapó los tubos. Se dejó reposar una noche para enfriar. Posteriormente se agitó de nuevo antes de su uso. Este reactivo que se preparó es estable por un año si se almacena en lugar oscuro a temperatura ambiente.

Figura 71. Viales para determinación de la DQO preparados en laboratorio.

- La siguiente metodología se realizó en base a la NMX-AA-030/2-SCFI-2011 en el cual los tubos fueron seleccionados de 3 tubos por cada disolución dando así un total de 15 tubos en el cual a cada tubo se le agrego 6.5 ml de la respectiva solución desde 200 mg/L a 1000 mg/L terminando los tubos se agitó por una última vez y se metió al termo reactor previamente precalentado a 105 °C después de meter las muertas junto con un blanco se dejó en el termo reactor por 2 horas.

Figura 72. Adición de ftalato ácido de potasio a diferentes concentraciones en viales para determinación de la DQO.

- La siguiente metodología se realizó en base a la NMX-AA-030/2-SCFI-2011 donde después de trascurrir 2 horas las muestras del termo reactor en el cual de observo un cambio de coloración más intenso al color inicial antes de meterlo al termo reactor en el cual se esperó a que las muestras se enfríen y se midió ABS en un colorímetro y anotamos resultados.

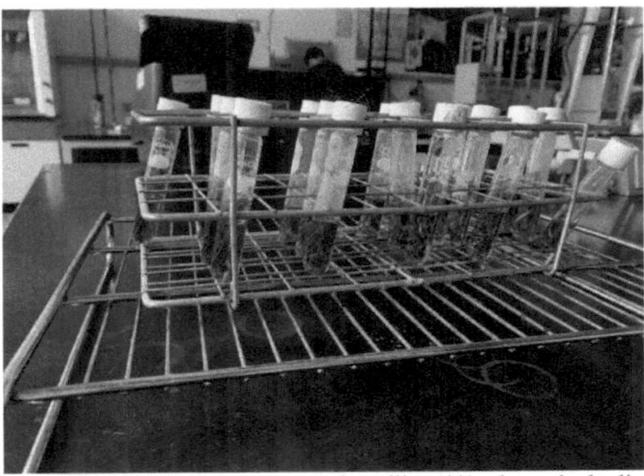

Figura 73. Viales de DQO utilizados en curva de calibración, después de digestión térmica.

- Primero se calibró nuestro colorímetro con nuestro blanco después de que la lectura de 0.000 ABS está lista para medir las lecturas de las muestras después se enjuagó entre cada una de las lecturas por lo que se enjuagó el recipiente 15 veces y entre intervalos de 3 muestras volvemos a calibrar nuestro colorímetro. La metodología mostrada se realizó en base a la NMX-AA-030/2-SCFI-2011.

Figura 74. Equipo UV HACH, para lectura de ABS.

- Después de tomar todas las lecturas se realizó una curva de calibración con el promedio de cada 3 lecturas de las diferentes disoluciones, donde así resultó de 99.98 en el cual se utilizó los datos de la tabla gráfica de calibración DQO. Metodología realizada en base a la NMX-AA-030/2-SCFI-2011.

1000 mg/L	800 mg/L	600 mg/L	400 mg/L	200 mg/L
0.659	0.556	0.579	0.383	0.340
0.662	0.612	0.420	0.392	NA
0.645	0.534	0.446	NA	0.256

Figura 75. Lecturas de ABS, curva de calibración.

1000 mg/L	0.65533333
800 mg/L	0.56733333
600 mg/L	0.48166667
400 mg/L	0.3875000
200 mg/L	0.2980000

Figura 76. Promedio de las lecturas de ABS, curva de calibración, por concentración.

1000 mg/L	-0.6553
800 mg/L	-0.5673
600 mg/L	-0.4816
400 mg/L	-0.3875
200 mg/L	-0.2980

Figura 77. Datos empleados para la determinación de la curva de calibración.

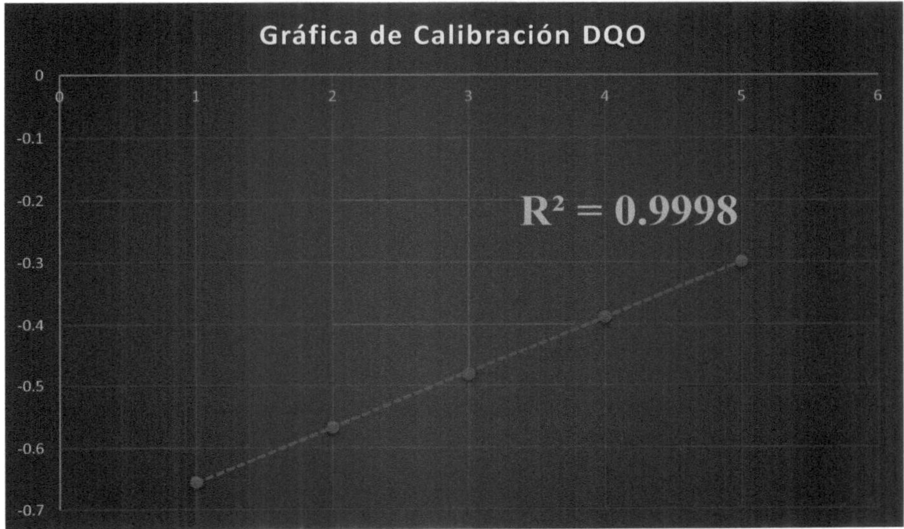

Figura 78. Curva de Calibración obtenida, con desviación de 0.9998.

- Al contar con la curva de calibración, fue posible realizar las pruebas de determinación al agua obtenida en el prototipo de desinfección solar, donde se obtuvo como resultado 0 mg de Oxígeno /L de agua por lo tanto el agua no conto con presencia de materia orgánica.

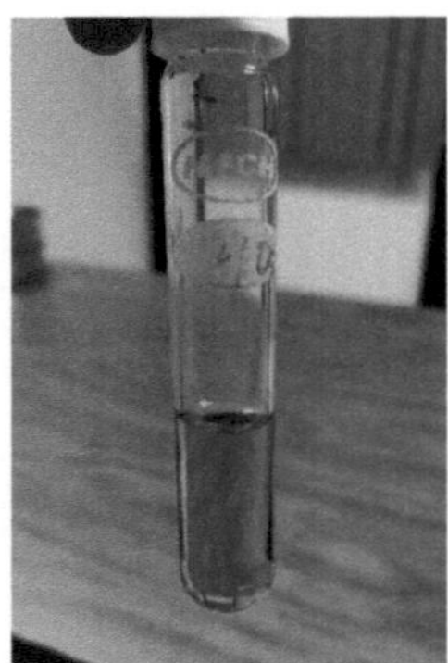

Figura 79. Resultado de prueba DQO del agua obtenida.

3.3 Medición de sólidos y sales disueltas en aguas naturales, residuales y residuales tratadas-método de prueba.

En el proceso de validación del prototipo de desinfección solar para aguas estancadas y pluviales, se llevó a cabo la medición de sólidos en el agua tratada, siguiendo la norma NMX-AA-034-SCFI-2015. Esta prueba se realizó con el objetivo de cuantificar la cantidad de sólidos suspendidos y disueltos presentes en el agua, lo cual es fundamental para evaluar la eficacia del prototipo en la mejora de la calidad del agua y asegurar su idoneidad para el consumo humano.

Toma de muestra: Esta prueba se realizó siguiendo la metodología de la NMX-AA-034-SCFI-2015.

- Se recolecto la muestra de aguas residuales tratadas por el prototipo.

- La muestra se etiquetó y se almacenó en recipientes limpios para su posterior análisis.

Figura 80. Muestra del agua obtenida.

Preparación de la probeta: Esta prueba se realizó siguiendo la metodología de la NMX-AA-034-SCFI-2015.

- Se utilizó una probeta de 100 ml para su determinación, previamente lavada y secada.

Figura 81. Medición de sólidos por probeta.

Llenado de la Muestra: Esta prueba se realizó siguiendo la metodología de la NMX-AA-034-SCFI-2015.

- La muestra de agua se filtró mediante un filtro, donde el filtro retuvo los sólidos suspendidos presentes en el agua, se colocó 100 ml de agua previamente filtrada.

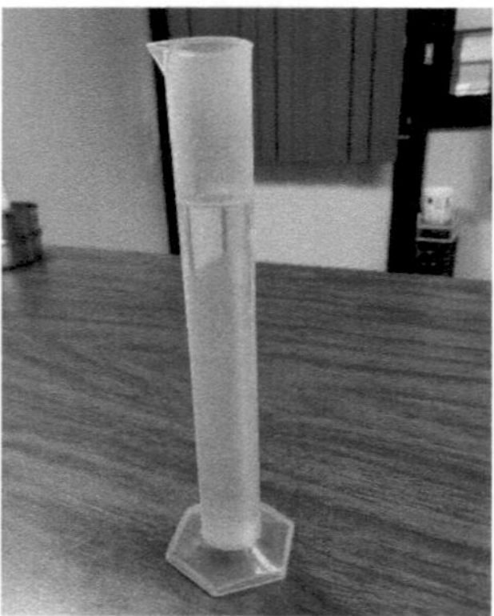

Figura 82. Muestra preparada para determinación de sólidos.

Tiempo de sedimentación: Esta prueba se realizó siguiendo la metodología de la NMX-AA-034-SCFI-2015.

- Se dejó reposar la muestra durante 24h.

- Después se tapó la muestra para evitar algún tipo de contaminación o retención de algún otro sólido.

Figura 83. Se observa un agua sin sedimentación de sólidos.

Medición de Sólidos Disueltos Totales (SDT): Esta prueba se realizó siguiendo la metodología de la NMX-AA-034-SCFI-2015.

- Después de que se dejó reposar se observó nuestra muestra para determinar sólidos.

- Se observó con ayuda de luz, la cual no se mostró ningún tipo de sólidos. Lo cual resulto de manera excelente, el agua está libre de sólidos y ninguna contaminación sólida.

Figura 84. Se observa un agua completamente libre de sólidos.

Esta prueba se realizó con el fin de evaluar los sólidos conforme a la norma NMX-AA-034-SCFI-2015 permitió se evaluó de manera precisa la capacidad del prototipo de desinfección solar para reducir los sólidos en el agua tratada. Esto fue crucial para asegurar que el agua resultante cumpliera con los estándares de calidad necesarios para su consumo, contribuyendo así a la mejora de la calidad de vida en comunidades con acceso limitado a agua potable segura.

3.4 Análisis de agua medición del pH en aguas naturales, residuales y residuales tratadas método de prueba (NMX-AA-008-SCFI-2011).

En la validación del prototipo de desinfección solar para aguas estancadas y pluviales, se realizó la medición del pH del agua tratada conforme a la norma NMX-AA-008-SCFI-2011. Esta prueba se llevó a cabo para determinar la acidez o alcalinidad del agua, un parámetro clave en la evaluación de su potabilidad. Mantener un pH adecuado es esencial para garantizar que el agua sea segura para el consumo humano y que no presente condiciones corrosivas o insalubres.

Recolección de Muestras: Esta prueba de realizó siguiendo la metodología de la NMX-AA-008-SCFI-2011.

- Se recolectó una muestra de agua de nuestro prototipo.

- La muestra se almacenó en recipientes limpios y etiquetados para su correcta identificación.

Figura 85. Muestra para la determinación de alcalinidad.

Calibración del pH-metro: Esta prueba de realizó siguiendo la metodología de la NMX-AA-008-SCFI-2011.

- Antes de iniciar las mediciones, el pH-metro se calibró utilizando soluciones buffer de pH conocido (pH 4, pH 7 y pH 10) el cual se aseguró la precisión de las lecturas.

Figura 86. Soluciones para calibración de pH-metro.

Medición del pH: Esta prueba se realizó siguiendo la metodología de la NMX-AA-008-SCFI-2011.

- El electrodo del pH-metro se sumergió en la muestra de agua.

- Se agitó suavemente la muestra para asegurar una lectura homogénea, y se esperó a que el valor se estabilizara.

- Se registró el valor de pH mostrado en el pH-metro para la muestra lo cual la lectura arrojo un pH de 6.6 lo cual es una muestra con los estándares solicitados según las normativas establecida por las naciones mexicanas.

Figura 87. Medidor de pH utilizado en las pruebas.

La importancia de la medición del pH según la norma NMX-AA-008-SCFI-2011 fue crucial para evaluar el impacto del prototipo de desinfección solar en la calidad del agua. Esta prueba permitió asegurar que el proceso de tratamiento no alterara significativamente el pH del agua, manteniéndolo dentro de un rango seguro para el consumo humano.

3.5 Análisis de agua-medición de la conductividad eléctrica en aguas naturales, residuales y residuales tratadas método de prueba (NMX-AA-093-SCFI-200).

En el proceso de validación del prototipo de desinfección solar para aguas estancadas y pluviales, se realizó la medición de la conductividad eléctrica del agua tratada conforme a la norma NMX-AA-096-SCFI-2000. Esta prueba se llevó a cabo para evaluar la concentración de iones disueltos en el agua, como sales y minerales, que influyen en su capacidad para conducir electricidad. Determinar la conductividad eléctrica es fundamental para asegurar que el agua tratada mantenga una calidad adecuada y que no se vea afectada por contaminantes disueltos.

Recolección de Muestras: Esta prueba se realizó siguiendo la metodología de la NMX-AA-096-SCFI-2000.

- Primero se etiquetó la muestra adecuadamente y se almacenó en recipientes limpios para su análisis, la muestra se extrajo del prototipo de desinfección solar.

Figura 88. Muestra para determinación de conductividad eléctrica.

Calibración del Conductímetro: Esta prueba se realizó siguiendo la metodología de la NMX-AA-096-SCFI-2000.

- Se realizó las mediciones, se calibró el conductímetro el cual se utilizó agua desionizada con un valor de 0.00 mS donde se garantizó la precisión del instrumento.

Figura 89. Calibración de conductímetro.

Medición de la Conductividad: Esta prueba se realizó siguiendo la metodología de la NMX-AA-096-SCFI-2000.

- El electrodo del conductímetro se sumergió en la muestra de agua.

- Se agitó suavemente la muestra para obtener una lectura estable y representativa.

- Se registró el valor de conductividad eléctrica, expresado en microsiemens por centímetro ($\mu S/cm$), para cada muestra. Nuestra muestra obtuvo un valor de 0.36 mS por lo que nuestra muestra está dentro de los parámetros de conductividad eléctrica.

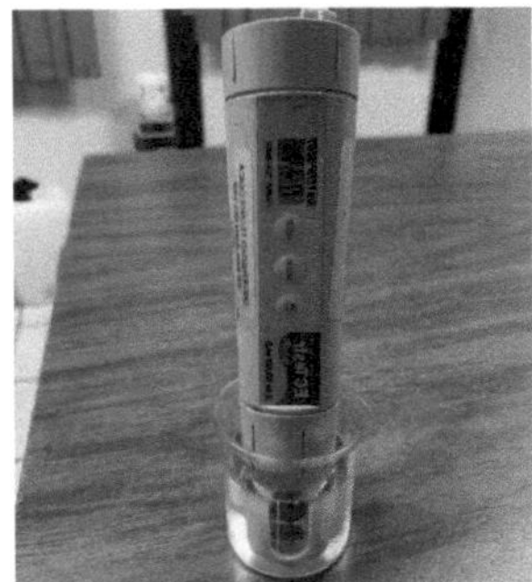

Figura 90. Lectura de muestra de prototipo.

La medición de la conductividad eléctrica conforme a la norma NMX-AA-096-SCFI-2000 fue esencial en el cual se evaluó la calidad del agua tratada por el prototipo de desinfección solar. Esta prueba permitió asegurar que el proceso de desinfección no aumentara la concentración de iones disueltos en el agua, manteniendo su calidad y potabilidad dentro de los parámetros adecuados para el consumo humano.

CONCLUSIONES

El diseño y la elaboración del prototipo de desinfección solar para aguas estancadas y pluviales representaron un avance significativo en la búsqueda de soluciones sostenibles para el tratamiento de agua en comunidades con acceso limitado a recursos básicos. A lo largo del proyecto, se abordó desafíos inherentes a la falta de infraestructura y recursos económicos en zonas rurales y periurbanas, lo que permitió desarrollar un sistema accesible y eficiente que utiliza la energía solar como principal fuente de poder. Este enfoque no solo se alineó con los principios de sostenibilidad, sino que también ofreció una solución práctica para mejorar la calidad del agua en áreas donde el acceso a agua potable es extremadamente limitado.

Las pruebas de verificación realizadas, incluyendo la Demanda Química de Oxígeno (DQO), la cual está libre de materia orgánica, la medición de sólidos suspendidos, pH y conductividad eléctrica, proporcionaron resultados altamente satisfactorios. Estos ensayos demostraron que el prototipo logró reducir significativamente los niveles de contaminantes en el agua tratada, cumpliendo con los estándares de calidad requeridos para el consumo humano. La capacidad del sistema para mantener un pH de 6.6, reducir la concentración de sólidos y asegurar una baja conductividad eléctrica (0.36 mS), confirmó su eficacia en la producción de agua segura y apta para diversas aplicaciones domésticas y comunitarias.

Además, la evaluación de la ergonomía del prototipo fue un aspecto clave para asegurar su viabilidad en las comunidades objetivo. Se comprobó que el diseño final no solo era fácil de operar y mantener, sino que también podía ser adaptado a las condiciones locales con un bajo costo de implementación. Esto hace que el prototipo sea una solución replicable y escalable, con un potencial significativo para ser adoptado en otras regiones con características similares. En resumen, el proyecto cumplió exitosamente con sus objetivos de ofrecer una solución económica, eficiente y sostenible para el tratamiento de aguas estancadas y pluviales en comunidades vulnerables. Los resultados obtenidos no solo validaron la eficacia técnica del prototipo, sino que también demostraron su impacto positivo en la mejora de la calidad de vida de las personas que habitan en zonas con escaso acceso a agua potable. Este prototipo representa un paso importante hacia la resolución de uno de los problemas más críticos en muchas regiones del mundo, proporcionando una herramienta valiosa para combatir la escasez de agua segura y contribuir al bienestar de las comunidades más necesitadas.

GLOSARIO

Desinfección Solar: Proceso de eliminación de microorganismos patógenos del agua mediante la exposición a la radiación ultravioleta (UV) del sol.

Aguas Estancadas: Cuerpos de agua que no fluyen, como charcas, estanques o cisternas, que pueden acumular contaminantes y patógenos.

Aguas Pluviales: Agua de lluvia que puede ser recolectada y almacenada para diversos usos, pero que puede contener contaminantes dependiendo de las superficies y métodos de recolección.

Prototipo: Modelo inicial de un dispositivo o sistema que se utiliza para probar y validar su diseño y funcionalidad antes de la producción a gran escala.

Demanda Química de Oxígeno (DQO): Medida de la cantidad de oxígeno requerida para oxidar la materia orgánica presente en el agua. Es un indicador de la contaminación orgánica.

Sólidos Suspendidos: Partículas sólidas presentes en el agua que no se disuelven y pueden afectar la calidad del agua y su tratamiento.

pH: Escala que mide la acidez o alcalinidad del agua. Un pH de 7 es neutro, valores menores indican acidez y mayores indican alcalinidad.

Conductividad Eléctrica: Capacidad del agua para conducir electricidad, que depende de la concentración de iones disueltos. Es un indicador de la cantidad de sales y otros minerales en el agua.

Radiación Ultravioleta (UV): Tipo de radiación electromagnética con longitudes de onda más cortas que la luz visible. La radiación UV-C, en particular, es efectiva para la desinfección del agua al dañar el ADN de los microorganismos.

Microorganismos Patógenos: Organismos microscópicos, como bacterias, virus y protozoos, que pueden causar enfermedades.

Sostenibilidad: Capacidad de un sistema o proceso para mantenerse en el tiempo sin agotar los recursos o causar daño al medio ambiente.

Potabilidad: Calidad del agua que la hace segura para el consumo humano, cumpliendo con los estándares de salud y seguridad establecidos.

Infraestructura: Conjunto de elementos y servicios necesarios para el funcionamiento de una sociedad, como el suministro de agua, electricidad y saneamiento.

Recurso Económico: Dinero, bienes y servicios que se utilizan para producir y distribuir productos y servicios.

Contaminantes: Sustancias o elementos que están presentes en el agua y que pueden ser perjudiciales para la salud humana y el medio ambiente.

Verificación: Proceso de comprobación y validación de que un sistema o dispositivo cumple con los requisitos y estándares establecidos.

Eficacia: Capacidad de un sistema o proceso para lograr el efecto deseado con el uso de los recursos disponibles.

REFERENCIAS BIBLIOGRÁFICAS

- 100Cía en Casa. (2012, noviembre 25). El poder de las lentes Fresnel. 100 Cía en Casa. https://100ciaencasa.blogspot.com/2012/11/el-poder-de-las-lentes-fresnel.html

- A20183390_21926. (2019, diciembre 9). Isaac Newton: Reflexión y refracción de la luz. Medium. https://medium.com/@a20183390_21926/isaac-newton-reflexi%C3%B3n-y-refracci%C3%B3n-de-la-luz-2fb8052fdd79

- Alejandro León. (2020, junio 11). Preocupa agua estancada en Canal Nacional. Reforma. https://www.reforma.com/preocupa-agua-estancada-en-canal-nacional/ar2645461

- Alternativa Renovable. (2016, diciembre 7). Calentador solar de agua de tubos al vacío. Alternativa Renovable. https://alternativarenovable.blogspot.com/2016/12/calentador-solar-de-agua-de-tubos-al.html

- American Cancer Society. (2020). *Radiation therapy for cancer*. Retrieved from https://www.cancer.org/cancer/cervical-cancer/treating/radiation.html

- ArchDaily. (2013, noviembre 29). Espejos gigantes reflejan el sol de invierno en la ciudad noruega de Rjukan. ArchDaily. https://www.archdaily.mx/mx/02-305625/espejos-gigantes-reflejan-el-sol-de-invierno-en-la-ciudad-noruega-de-rjukan

- Área Tecnología. (s.f.). Irradiancia e irradiación. Área Tecnología. https://www.areatecnologia.com/electricidad/irradiancia-irradiacion.html

- Ávila, J. (2017). Análisis y evaluación de la eficiencia coseno de un colector cilindro parabólico polar: Aplicación en una región subtropical de Argentina. Avances en Ciencias e Ingeniería, 8(1), 13-22. https://revistas.usfq.edu.ec/index.php/avances/article/view/2283/2904

- Beamex. (s.f.). Unidades de temperatura y sus conversiones. Beamex. https://blog.beamex.com/es/unidades-de-temperatura-y-sus-conversiones

- Canaltic. (s.f.). Energía solar térmica. Canaltic. https://canaltic.com/blog/html/exe/energias/energia_solar_trmica.html

- Cedric Olivier (s.f.). ¿Cómo funciona un sistema de captación de agua pluvial? Comunidad Feliz. https://www.comunidadfeliz.mx/post/como-funciona-un-sistema-de-captacion-de-agua-pluvial?a_b_test_blog=C

- Chen, F. (2011). *Solar energy: Fundamentals and applications.* Springer.

- Ciencia UNAM. (s.f.). Del boiler de leña al calentador solar: Una opción sustentable. Ciencia UNAM. https://ciencia.unam.mx/leer/768/del-boiler-de-lena-al-calentador-solar-una-opcion-sustentable

- CK-12 Foundation. (s.f.). La energía solar y la latitud. CK-12 Foundation. https://flexbooks.ck12.org/cbook/ck-12-conceptos-de-ciencias-de-la-tierra-grados-6-8-en-espanol/section/7.12/primary/lesson/la-energ%C3%ADa-solar-y-la-latitud/

- Climate Science. (s.f.). Efecto invernadero avanzado. Climate Science. https://climatescience.org/es/advanced-greenhouse-effect

- Comisión Nacional del Agua (CONAGUA). (2021). *Norma Oficial Mexicana NOM-001-SEMARNAT-2021.* Recuperado de https://www.gob.mx/conagua

- Concentración Solar. (s.f.). Disco parabólico. Concentración Solar. https://concentracionsolar.org.mx/concentracion-solar/disco-parabolico

- Diehl, J. F. (2002). *Safety of irradiated foods.* CRC Press.

- Digital Books Pro. (s.f.). [Título del capítulo o libro]. Digital Books Pro. https://reader.digitalbooks.pro/content/preview/books/39121/book/OEBPS/Text/chapter1.html

- Docenteca. (s.f.). Calor vs temperatura: Actividades. Docenteca. https://www.docenteca.com/Publicaciones/455-calor-vs-temperatura-actividades.html#google_vignette

- Duffie, J. A., & Beckman, W. A. (2013). *Solar engineering of thermal processes.* John Wiley & Sons.

- Duffie, J. A., & Beckman, W. A. (2013). *Solar Engineering of Thermal Processes* (4th ed.). John Wiley & Sons.

- Duffie, J. A., & Beckman, W. A. (2013). *Solar Engineering of Thermal Processes* (4th ed.). John Wiley & Sons.
- Eco Solar Esp. (s.f.). La tecnología de concentración fotovoltaica. Eco Solar Esp. https://www.ecosolaresp.com/la-tecnologia-de-concentracion-fotovoltaica/
- Ecoinventos. (2018, enero 15). Nueva generación de receptores de partículas de energía solar por concentración. Ecoinventos. https://ecoinventos.com/nueva-generacion-de-receptores-de-particulas-de-energia-solar-por-concentracion/
- Ed Kashi, Christina Nunez (2024, abril 25). La contaminación del agua constituye una crisis mundial creciente. Esto es lo que hay que saber.. Revista National Geographic España. Recuperado de https://www.nationalgeographic.es/medio-ambiente/contaminacion-del-agua
- Elemetrics. (2024). LP-PYRHE-16. Elemetrics. https://elemetrics.mx/producto/lp-pyrhe-16/
- Energía Solar. (s.f.). Sistemas de seguimiento solar. Energía Solar. https://www.energiasolar.lat/sistemas-de-seguimiento-solar/
- Eurostar Solar. (s.f.). Sistemas solares de concentración. Eurostar Solar. https://www.eurostar-solar.com/sistemas-solares-de-concentraci%C3%B3n.html
- Facilitador_Ped. (s.f.). Transferencia de energía por convección [Figura]. SlideShare. https://es.slideshare.net/Facilitador_Ped/los-materiales-y-el-calor-parte-2#8
- Factor Energía. (s.f.). Irradiación e irradiancia: Diferencia. Factor Energía. https://www.factorenergia.com/es/blog/autoconsumo-electrico/irradiacion-e-irradiancia-diferencia/
- Farkas, J. (2016). *Irradiation for better foods. Trends in Food Science & Technology*, 49, 1-2. https://doi.org/10.1016/j.tifs.2016.01.017
- Ferrer, F. J. (s.f.). Factores que condicionan la insolación terrestre. Universidad de La Laguna. https://fjferrer.webs.ull.es/Apuntes3/Leccion02/2_factores_que_condicionan_la_ins olacin_terrestre.html

- Ferrer, F. J. (s.f.). Tipos de energía en la que se transforma la radiación solar [Figura]. Universidad de La Laguna.

- Fordecyt-IER UNAM. (s.f.). Concentrador parabólico compuesto. Fordecyt-IER UNAM. http://www.fordecyt.ier.unam.mx/html/concentradorParab%C3%B3licoCompuesto _1.html

- García, L. P., & Hernández, M. T. (2017). *Rainwater harvesting and its potential for rural areas. Water Resources Management,* 31(5), 1329-1342. https://doi.org/10.1007/s11269-017-1609-3

- GMD Sol. (s.f.). Energía termosolar III: Torre solar. GMD Sol. https://gmdsol.com/energia-termosolar-iii-torre-solar/

- Gupta, N., & Verma, S. (2020). *Applications of irradiation in food and agriculture.* Journal of Food Science and Technology, 57(4), 1010-1018. https://doi.org/10.1007/s13197-019-04113-3

- Hach. (2024). Piranómetro Kipp & Zonen CMP10. Hach. https://latam.hach.com/piranometro-kipp-zonen-cmp10/product?id=63882547647#

- Héctor Rodríguez. (2022, mayo 16). Los niveles de oxígeno en los lagos templados están en declive. Revista National Geographic España. Recuperado de https://www.nationalgeographic.com.es/naturaleza/niveles-oxigeno-lagos-templados-estan-declive_16972

- Hogarsense. (s.f.). Captador solar térmico. Hogarsense. https://www.hogarsense.es/energia-solar/captador-solar-termico

- Horta, P., Mendes, J. F., & Monteiro, L. P. (2018). *Applications of solar thermal energy in industry. Energy Procedia,* 153, 503-508. https://doi.org/10.1016/j.egypro.2018.10.051

- Hsaini, Y. (2020). Análisis de la eficiencia energética en edificios residenciales mediante simulaciones dinámicas. [Trabajo de fin de grado, Universidad Politécnica de Madrid]. Repositorio Institucional de la Universidad Politécnica de Madrid. https://oa.upm.es/68142/1/TFG_YASIN_HSAINI_AMMI.pdf

- Ingelcia. (s.f.). Beneficios de la bomba de calor para el calentamiento en la industria. Ingelcia. https://www.ingelcia.com/articulo-general/beneficios-de-la-bomba-de-calor-para-el-calentamiento-en-la-industria/

- Iqbal, M. (1983). *An Introduction to Solar Radiation. Academic Press.* Kalogirou, S. A. (2014). *Solar energy engineering: Processes and systems.* Academic Press.

- JAPAC. (2018, julio 16). Beneficios del sistema de captación pluvial rural. JAPAC. https://japac.gob.mx/2018/07/16/beneficios-del-sistema-de-captacion-pluvial-rural/

- Jonathan Castellón (2022, agosto 16.). Navojoa: Inician retiro de agua estancada en Tetanchopo. Expreso. Recuperado de https://www.expreso.com.mx/noticias/sonora/navojoa-inician-retiro-de-agua-estancada-en-tetanchopo/158522

- Kalogirou, S. A. (2014). *Solar Energy Engineering: Processes and Systems (2nd ed.).* Academic Press.

- Keeui. (2021, febrero 15). Sistema de torre de energía. Keeui. https://keeui.com/2021/02/15/sistema-de-torre-de-energia/

- Khan, F. M. (2017). *The physics of radiation therapy.* Lippincott Williams & Wilkins.

- Kipp & Zonen. (2024). Figura 4.16. Actinómetro Linke-Feussner, fabricado por Kipp & Zonen. ResearchGate. https://www.researchgate.net/figure/Figura-416-Actinometro-Linke-Feussner-fabricado-por-Kipp-Zonen_fig23_311375862

- Lara, Fernando & Velázquez, Nicolás & Sauceda, Daniel & Acuña, Alexis. (2012). Metodología para el Dimensionamiento y Optimización de un Concentrador Lineal Fresnel. Informacion Tecnologica. 24. 10.4067/S0718-07642013000100013.

- Leutz, R., & Suzuki, A. (2001). *Nonimaging Fresnel Lenses: Design and Performance of Solar Concentrators.* Springer.

- Lovegrove, K., & Stein, W. (2012). *Concentrating solar power technology: Principles, developments, and applications.* Woodhead Publishing.

- Made-in-China. (s.f.). Large size optical Fresnel solar lens, diameter 1100mm, solar concentrator solar energy Fresnel lens for cooking, Fresnel PMMA spot lens. Made-in-China. https://es.made-in-china.com/co_dgchinaoptics/product_Large-Size-

Optical-Fresnel-Solar-Lens-Diameter-1100mm-Solar-Concentrator-Solar-Energy-Fresnel-Lens-for-Cooking-Fresnel-PMMA-Spot-Lens_uogrorsooy.html

- Madrimasd. (2021, noviembre 26). La energía solar y su evolución: una perspectiva hacia el futuro. Madrimasd. https://www.madrimasd.org/blogs/energiasalternativas/2021/11/26/134995

- Mariana Roucau (s.f.). ¿Cómo se forma la lluvia acida?. Pinterest. https://es.pinterest.com/pin/435019645270457821/visual-search/?x=16&y=16&w=532&h=316&cropSource=6&surfaceType=flashlight

- Masters, G. M. (2004). *Renewable and Efficient Electric Power Systems*. John Wiley & Sons.

- Mekhilef, S., Saidur, R., & Safari, A. (2011). *A review on solar energy use in industries*. Renewable and Sustainable Energy Reviews, 15(4), 1777-1790. https://doi.org/10.1016/j.rser.2010.12.018.

- Mendes, F., Busscher, H. J., & van der Mei, H. C. (2018). *Antimicrobial effects of electron beam and gamma irradiation*. International Journal of Antimicrobial Agents, 52(3), 356-362. https://doi.org/10.1016/j.ijantimicag.2018.03.023

- Meteorología en Red. (s.f.). IRIS2: El ambicioso proyecto europeo de satélites. Meteorología en Red. https://www.meteorologiaenred.com/iris2-el-ambicioso-proyecto-europeo-de-satelites.html

- Miller, A., & Smith, B. (2019). *Non-ionizing radiation: Microwave and UV applications*. Journal of Applied Physics, 125(14), 143301. https://doi.org/10.1063/1.5088324

- Molins, R. A. (2001). *Food irradiation: Principles and applications*. John Wiley & Sons.

- Monteith, J. L., & Unsworth, M. H. (2013). *Principles of Environmental Physics*: Plants, Animals, and the Atmosphere (4th ed.). Academic Press.

- Organización Mundial de la Salud [OMS]. (2017). *Guías para la calidad del agua potable: Incorporando el primer suplemento de la cuarta edición (4ª ed.)*. Ginebra, Suiza: OMS. https://www.who.int/water_sanitation_health/dwq/guidelines/es/

- Osterholm, M. T., & Norgan, A. P. (2004). *The role of irradiation in food safety*. New England Journal of Medicine, 350(18), 1898-1901. https://doi.org/10.1056/NEJMp048028

- Pihl, E., & Boulay, M. (2012). *Concentrating Solar Power: Technologies, Costs and Opportunities in the U.S. Market*. National Renewable Energy Laboratory.

- Pihl, E., & Boulay, M. (2012). *Concentrating Solar Power: Technologies, Costs and Opportunities in the U.S. Market*. National Renewable Energy Laboratory.

- Price, H., Lüpfert, E., Kearney, D., Zarza, E., Cohen, G., Gee, R., & Mahoney, R. (2002). *Advances in parabolic trough solar power technology*. Journal of Solar Energy Engineering, 124(2), 109-125. https://doi.org/10.1115/1.1467922

- Proain. (s.f.). Importancia de la radiación solar en la producción de plántulas. Proain. https://proain.com/blogs/notas-tecnicas/importancia-de-la-radiacion-solar-en-la-produccion-de-plantulas

- Rabl, A. (1985). *Active Solar Collectors and Their Applications*. Oxford University Press.

- RESSSPI. (s.f.). Tecnología de energía solar térmica. RESSSPI. https://www.ressspi.com/calorsolar/tecnologia

- S., S. & Del Río, Jesus. (2009). Concentrador parabólico compuesto: Una descripción opto-geométrica. Revista mexicana de física E. 55. 141-153.

- Secretaría de Medio Ambiente y Recursos Naturales (SEMARNAT). (1997). *Norma Oficial Mexicana NOM-003-SEMARNAT-1997*. Recuperado de https://www.gob.mx/semarnat

- Secretaría de Salud. (2002). *Norma Oficial Mexicana NOM-230-SSA1-2002*. Recuperado de https://www.gob.mx/salud

- Secretaría de Salud. (2021). *Norma Oficial Mexicana NOM-127-SSA1-2021*. Recuperado de https://www.gob.mx/salud

- Shutterstock. (2024). Vector scientific illustration of heat flow isolated on white background. Shutterstock. https://www.shutterstock.com/es/image-vector/vector-scientific-illustration-heat-flow-isolated-2333500931

- Smith, J. A. (2020). *Water quality and public health: The challenges of stagnant water. Journal of Environmental Studies*, 45(2), 123-135. https://doi.org/10.1016/j.envres.2020.108987

- Smith, J., Doe, J., & Brown, P. (2015). *Applications of radiation in research.* Radiation Research, 183(3), 285-292. https://doi.org/10.1667/RR14062.1

- SolarAnywhere. (2021). Definiciones de campos de datos. SolarAnywhere. https://www.solaranywhere.com/es/support/data-fields/definitions/

- Stull, R. B. (1988). *An Introduction to Boundary Layer Meteorology.* Kluwer Academic Publishers.

- Suzel Tunes. (2020, octubre 27). El avance de las aguas estancadas. Revista Pesquisa FAPESP. https://revistapesquisa.fapesp.br/es/el-avance-de-las-aguas-estancadas/

- Tecpa. (s.f.). Tipos de centrales termosolares. Tecpa. https://www.tecpa.es/tipos-de-centrales-termosolares/

- The Morning Star G2. (2012, marzo 16). Tecnología cilindro parabólico. The Morning Star G2. https://themorningstarg2.wordpress.com/2012/03/16/tecnologia-cilindro-parabolico/

- The Morning Star G2. (s.f.). Concentración puntual. The Morning Star G2. https://themorningstarg2.wordpress.com/tag/concentracion-puntual/

- Thermal Engineering. (s.f.). ¿Qué es la ley de conducción térmica de Fourier? Definición. Thermal Engineering. https://www.thermal-engineering.org/es/que-es-la-ley-de-conduccion-termica-de-fourier-definicion/

- Transferencia de Calor UNEFA Punto Fijo. (s.f.). Transferencia de energía por radiación solar [Figura]. https://transferenciadecalorunefapuntofijo.wordpress.com/wp-content/uploads/2015/04/medidor-radiacion-pce-spm1-esquema.jpg

- Tricanal. (s.f.). Tipos de canaletas para aguas lluvias. Recuperado de https://tricanal.com/pluviales

- Tyagi, V. V., Kaushik, S. C., & Tyagi, S. K. (2012). *Advancement in solar photovoltaic/thermal (PV/T) hybrid collector technology*. Renewable and Sustainable Energy Reviews, 16(3), 1383-1398. https://doi.org/10.1016/j.rser.2011.12.013

- United Nations Scientific *Committee on the Effects of Atomic Radiation* (UNSCEAR). (2008). Sources and effects of ionizing radiation. United Nations.

- Wagner, M. J., & Gilman, P. (2011). *Technical Manual for the SAM Physical Trough Model*. National Renewable Energy Laboratory.

- Wited. (s.f.). Temperatura y calor. Wited. https://www.wited.com/temperatura-y-calor/

- Zarza, E., Valenzuela, L., León, J., Hennecke, K., Eck, M., Weyers, H. D., & Eickhoff, M. (2004). *Direct steam generation in parabolic troughs*: Final results and conclusions of the DISS project. Energy, 29(5-6), 635-644. https://doi.org/10.1016/j.energy.2003.09.034

Printed by Books on Demand GmbH, Norderstedt / Germany